Biological Invasions:
Pictorial Handbook of Invasive Alien Animals in China

生物入侵：
中国外来入侵动物图鉴

蒋明星　冼晓青　万方浩　主编

科学出版社
北京

内 容 简 介

本书为中国生物入侵系列专著之一。共收录了107种重要的入侵动物，其中昆虫100种，线虫2种，虾1种，螺2种，鱼1种，龟1种。对每种动物，除了提供图片外，还介绍了拉丁学名、分类地位、英文名称、其他中文名、形态特征、寄主（或生境）及危害、生物学特性、在中国的分布、在其他国家和地区的分布、入侵中国的最早记录等信息。

本书图文并茂、内容翔实，是生物安全、植物保护、动植物检疫、生物多样性保护等领域的工作者及大专院校相关专业师生、昆虫爱好者的重要参考书。

图书在版编目（CIP）数据

生物入侵：中国外来入侵动物图鉴 / 蒋明星，冼晓青，万方浩主编．— 北京：科学出版社，2019.10

ISBN 978-7-03-062404-8

Ⅰ．①生… Ⅱ．①蒋… ②冼… ③万… Ⅲ．①生物 – 外来种 – 侵入种 – 图集②外来入侵动物 – 中国 – 图集 Ⅳ．① Q16-64

中国版本图书馆 CIP 数据核字 (2019) 第 200609 号

责任编辑：王　静　李秀伟 / 责任校对：郑金红
责任印制：赵　博 / 封面设计：北京图阅盛世文化传媒有限公司

科学出版社 出版
北京东黄城根北街 16 号
邮政编码：100717
http://www.sciencep.com
北京建宏印刷有限公司印刷
科学出版社发行　各地新华书店经销
*
2019年10月第　一　版　开本：787 × 1092 1/16
2025年 1 月第四次印刷　印张：12
字数：280 000

定价：189.00 元

（如有印装质量问题，我社负责调换）

作者简介 ABOUT THE AUTHORS

蒋明星，男，1971 年出生，博士，教授，博士生导师。1997 年南京农业大学植物保护系（现植物保护学院）博士研究生毕业，同年到浙江农业大学应用昆虫学研究所（现浙江大学昆虫科学研究所）工作至今。

2010 年入选教育部“新世纪优秀人才支持计划”。兼任中国昆虫学会外来物种及检疫专业委员会副主任，中国植物保护学会生物入侵分会副主任，期刊 *Journal of Integrative Agriculture*、《昆虫学报》和《生物安全学报》编委。

主要从事外来昆虫入侵生物学的研究。在生物入侵、生物安全领域，主持国家自然科学基金项目 4 项，作为研究骨干参加国家 973 计划、国家重点研发计划、国家自然科学基金项目 6 项。在国内外学术期刊上发表论文 70 余篇，主编 *Biological Invasions and Its Management in China*（入侵生态学 Springer 系列专著，2017）和《入侵生物学》（教材，2015），参编专著和教材 9 部。

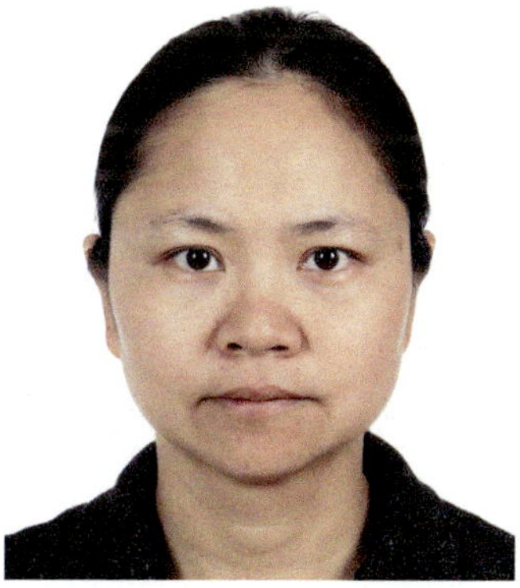

冼晓青，女，1981 年出生，博士，助理研究员。2001 年扬州大学植物保护专业本科毕业，2007 年南京农业大学生态学专业博士研究生毕业，2007~2010 年在中国农业科学院植物保护研究所从事博士后研究（入侵生物学方向）。2010 年 7 月至今在中国农业科学院植物保护研究所从事科研工作。

主要研究方向为外来入侵物种风险评估与早期预警，以及中国外来入侵物种数据库开发与应用。主持国家自然科学基金青年科学基金项目“气候变化下入侵植物紫茎泽兰时空分布格局的预测”（31501709）；参加多项省部级项目、重大基础专项和国际合作项目，包括科技基础性工作专项“中国外来入侵物种及其安全性考察”（2006FY111000）、欧盟合作项目“欧亚外来入侵生物检测、监测、紧急处理和防治技术交流”、公益性行业（农业）科研专项“入侵昆虫综合防控技术研究与示范推广”（201103026）、环保公益性行业科研专项“外来入侵动植物分级控制与管理研究”（201409061）、国家科技支撑计划课题“重要农林入侵物种扩散监测与防控技术研究”（2015BAD08B03）、国家重点研发计划“生物安全关键技术研发”重点专项“突发生物危害事件评估决策及应急处置集成优化”（2016YFC1201300）。在国内外期刊发表论文 10 余篇，参编生物入侵系列中英文专著和教材 5 部。

万方浩，博士，中国农业科学院植物保护研究所研究员，博士生导师，国家973计划首席科学家，973计划领域专家组成员，国家重点研发计划“生物安全”专项编制与咨询组专家，全国优秀科技工作者，全国农业先进个人，农业部直属机关优秀共产党员和中央国家机关优秀共产党员。兼任国际生物入侵专家委员会（ICBI）负责人、世界自然保护联盟（IUCN）外来入侵物种专家组成员、生物多样性和生态系统服务政府间科学-政策平台多学科专家委员会（IPBES）委员、国际植物保护公约专家委员会委员、“一带一路”国际植物保护联盟负责人、《生物安全学报》主编、《昆虫学报》副主编、*Journal of Integrative Agriculture* 植物保护专栏主编等多个学术兼职。

长期从事生物入侵与生物防治的研究。我国入侵生物学学科创始人、我国生物入侵防控技术体系“生物入侵：中国方案4E行动”的设计者和创建人，丰富与发展了入侵生物学理论，开拓与发展了传统生物防治的理论、技术与方法。主要学术贡献：构筑了生物入侵“早期预警、检测监测、根除阻截”三道防线，显著抑制了潜在/新发/局部分布入侵生物的入侵和扩张，主持与实施了我国生物入侵防控4E行动及转型升级的4E+方案（1000种入侵物种组学计划）；建立了以生物防治为主的重大入侵生物“区域减灾与全程控制”技术体系，有效抑制了入侵生物（烟粉虱、豚草、空心莲子草、紫茎泽兰、薇甘菊等）的暴发危害；组织主持5次大型国际生物入侵大会，显著提高了我国在生物入侵领域的国际影响力。

万方浩曾获国家和省部级成果奖22项，其中国家科学技术进步奖二等奖2项（第1和第3）；发表论文640余篇（SCI论文160余篇）；主编专著21部；获发明专利26项、软件著作权11项。

《生物入侵：中国外来入侵动物图鉴》
编委会

主　编 蒋明星　浙江大学昆虫科学研究所
冼晓青　中国农业科学院植物保护研究所
万方浩　中国农业科学院植物保护研究所

副主编 虞国跃　北京市农林科学院植物保护环境保护研究所
马　云　浙江大学昆虫科学研究所
谢　明　中国农业科学院植物保护研究所

编　者（按姓氏笔画排列）
万方浩　中国农业科学院植物保护研究所
马　云　浙江大学昆虫科学研究所
马　骏　广州海关技术中心
王进强　云南省热带作物科学研究所
石　娟　北京林业大学林学院
白旭光　河南工业大学粮油食品学院
吕宝乾　中国热带农业科学院环境与植物保护研究所
刘万学　中国农业科学院植物保护研究所
齐国君　广东省农业科学院植物保护研究所
张文俊　台州海关
张桂芬　中国农业科学院植物保护研究所
周　培　无锡海关
周忠实　中国农业科学院植物保护研究所
周洪旭　青岛农业大学植物医学学院昆虫系
冼晓青　中国农业科学院植物保护研究所
赵莉蔺　中国科学院动物研究所农业虫害鼠害综合治理研究国家重点实验室
顾渝娟　广州海关技术中心
黄　成　南京大学生命科学学院
蒋明星　浙江大学昆虫科学研究所
鲁玉杰　河南工业大学粮油食品学院
谢　明　中国农业科学院植物保护研究所
虞国跃　北京市农林科学院植物保护环境保护研究所

图片拍摄者、提供者名单

于江南　新疆农业大学农学院（枣实蝇）
马　骏　广州海关技术中心（南洋臀纹粉蚧、木瓜粉蚧、辣椒实蝇、蜜柑大实蝇）
马方舟　生态环境部南京环境科学研究所（克氏原螯虾）
王玉刚　中国林业科学研究院森林生态环境与保护研究所（红脂大小蠹）
王进强　云南省热带作物科学研究所（橡胶盔蚧）
王忠跃　中国农业科学院植物保护研究所（葡萄根瘤蚜）
贝亚维　浙江省农业科学院植物保护与微生物研究所（西花蓟马）
仇志强　中国养蜂学会（意大利蜂）
尹　炯　云南省农业科学院甘蔗研究所（香蕉球茎象甲）
石庆型　广东省农业科学院植物保护研究所（热带火蚁、红火蚁）
石宝才　北京市农林科学院植物保护环境保护研究所（南美斑潜蝇、美洲斑潜蝇）
卢芙萍　中国热带农业科学院环境与植物保护研究所（美地绵粉蚧）
史海涛　海南师范大学生命科学学院（巴西龟）
白先进　广西农业科学院（葡萄根瘤蚜）
白旭光　河南工业大学粮油食品学院（谷斑皮蠹、赤拟谷盗、杂拟谷盗、银合欢豆象、菜豆象、豌豆象、蚕豆象、鹰嘴豆象、四纹豆象、灰豆象、巴西豆象、咖啡豆象、谷象、米象）
吐尔逊　新疆农业科学院植物保护研究所（马铃薯甲虫）
吕利华　广东省农业科学院植物保护研究所（热带火蚁、红火蚁）
吕宝乾　中国热带农业科学院环境与植物保护研究所（椰子木蛾）
任利利　北京林业大学林学院（松树蜂）
刘　丽　宁波海关（鹰嘴豆象、咖啡豆象）
刘　勇　山东农业大学植物保护学院（栗苞蚜）
刘　磊　自然生态摄影师（苹果蠹蛾）
刘　曦　北京市林业保护站（杨干象）
刘万学　中国农业科学院植物保护研究所（番茄斑潜蝇、南美斑潜蝇、美洲斑潜蝇、三叶草斑潜蝇）
刘冰洋　西双版纳海关（芒果果肉象甲）
刘彦鸣　自然生态摄影师（红火蚁、广大头蚁）
刘晓飞　云南大学农学院（番石榴果实蝇）
齐国君　广东省农业科学院植物保护研究所（银合欢异木虱、埃及吹绵蚧、扶桑绵粉蚧、美地绵粉蚧、木瓜粉蚧、苏铁白盾蚧、甘薯小象甲、热带火蚁、红火蚁、非洲大蜗牛、草地贪夜蛾）
许再福　华南农业大学农学院（橘小实蝇、桉树枝瘿姬小蜂）
李　竹　北京自然博物馆（日本松干蚧）

李中安　西南大学 / 中国农业科学院柑桔研究所（松材线虫、福寿螺）
李世诚　上海市农业科学院（葡萄根瘤蚜）
李春喜　威海海关（菜豆象、灰豆象、皂角豆象、巴西豆象）
李俊杰　自然生态摄影师（德国小蠊）
杨红珍　北京自然博物馆（日本松干蚧、银合欢豆象）
时　敏　浙江大学昆虫科学研究所（美洲斑潜蝇）
吴金海　杭州安吉路良渚实验学校（曲纹紫灰蝶）
邱华龙　广东省林业科学研究院森林保护研究所（湿地松粉蚧、松突圆蚧）
迟德富　东北林业大学林学院（青杨脊虎天牛）
张　皓　西北农林科技大学植物保护学院（黑森瘿蚊）
张文俊　台州海关（双钩异翅长蠹、芒果果实象甲、芒果果核象甲）
张桂芬　中国农业科学院植物保护研究所（温室白粉虱、甘蓝粉虱、栲粉虱、大洋臀纹粉蚧、苹果蠹蛾、番茄潜叶蛾）
张培毅　中国林业科学研究院森林生态环境与保护研究所（红脂大小蠹）
张毅波　中国农业科学院植物保护研究所（温室白粉虱）
陆　平　伊宁海关（黑森瘿蚊）
陆永跃　华南农业大学农学院（椰子木蛾）
陈　斌　云南农业大学植物保护学院（马铃薯块茎蛾）
陈　婷　广东省农业科学院植物保护研究所（稻水象甲）
陈刘生　石河子大学农学院（苹果蠹蛾）
陈海波　中国林业科学研究院森林生态环境与保护研究所（红脂大小蠹）
武三安　北京林业大学林学院（南美枝粉蚧、七角星蜡蚧）
贤振华　广西大学农学院（福寿螺）
周　培　无锡海关（小楹白蚁、印缅乳白蚁）
周长青　北京市海淀区植物保护站（稻水象甲）
周洪旭　青岛农业大学植物医学学院（苹果绵蚜、美国白蛾）
周淑芷　中国林业科学研究院森林生态环境与保护研究所（红脂大小蠹）
郑方强　山东农业大学植物保护学院（栗苞蚜）
郑经武　浙江大学生物技术研究所（香蕉穿孔线虫）
赵丹阳　广东省林业科学研究院（湿地松粉蚧、松突圆蚧）
侯有明　福建农林大学植物保护学院（水椰八角铁甲）
姜立云　中国科学院动物研究所（栗苞蚜）
骆有庆　北京林业大学林学院（松树蜂）
秦长生　广东省林业科学研究院森林保护研究所（湿地松粉蚧、松突圆蚧）
袁成明　贵州大学昆虫研究所（西花蓟马）
莫建初　浙江大学昆虫科学研究所（截头堆砂白蚁、小楹白蚁）
贾凤海　江西中医药大学（曲纹紫灰蝶）
顾渝娟　广州海关技术中心（南洋臀纹粉蚧、木瓜粉蚧）

徐志宏　浙江农林大学农业与食品科学学院（日本松干蚧）
高　磊　上海市园林科学规划研究院（早熟禾拟茎草螟）
郭文超　新疆农业科学院微生物应用研究所（马铃薯甲虫）
海南考察组　为参加“中国外来入侵物种及其安全性考察”（2006FY111000）基础性工作项目的考察组（螺旋粉虱、红棕象甲、瓜实蝇、蔗扁蛾、桉树枝瘿姬小蜂）
黄　成　南京大学生命科学学院（克氏原螯虾、非洲大蜗牛）
黄国华　湖南农业大学植物保护学院（蔗扁蛾）
黄诚华　广西农业科学院甘蔗研究所（蔗扁蛾）
龚秀泽　南宁海关（蜜柑大实蝇）
崔俊霞　宁波海关（紫穗槐豆象）
梁　帆　广州海关技术中心（大洋臀纹粉蚧、木瓜粉蚧）
谌爱东　云南省农业科学院农业环境资源研究所（印度小裂绵蚜）
彭正强　中国热带农业科学院环境与植物保护研究所（海枣异胸潜甲）
董丹丹　中国农业科学院植物保护研究所（葡萄根瘤蚜）
蒋明星　浙江大学昆虫科学研究所（稻水象甲、草地贪夜蛾、青杨脊虎天牛）
童晓立　华南农业大学农学院（腹突皱针蓟马）
曾　玲　华南农业大学农学院（褐纹甘蔗象）
雷　波　自然生态摄影师（细足捷蚁）
虞国跃　北京市农林科学院植物保护环境保护研究所（德国小蠊、美洲大蠊、西花蓟马、美洲棘蓟马、银合欢异木虱、苹果绵蚜、洋白蜡卷叶绵蚜、烟粉虱、螺旋粉虱、苹果绵蚜、小巢粉虱、双钩巢粉虱、埃及吹绵蚧、吹绵蚧、扶桑绵粉蚧、新菠萝灰粉蚧、苏铁白盾蚧、悬铃木方翅网蝽、菊方翅网蝽、椰心叶甲、马铃薯甲虫、海枣异胸潜甲、紫穗槐豆象、蚕豆象、红脂大小蠹、杨干象、稻水象甲、红棕象甲、刺槐叶瘿蚊、美洲斑潜蝇、橘小实蝇、瓜实蝇、美国白蛾、曲纹紫灰蝶、刺桐姬小蜂、桉树枝瘿姬小蜂、巴西龟）
蔡　波　海口海关热带植物隔离检疫中心（甘薯小象甲、椰子木蛾）
魏书军　北京市农林科学院植物保护环境保护研究所（美洲棘蓟马）
Pat Porter　Texas A&M AgriLife Extension，USA（高粱瘿蚊）

致　谢

本书撰写过程中，国内外众多同仁提供了很多相当珍贵的图片（详见“图片拍摄者、提供者名单”）。没有他们的热情帮助和大力支持，本书难以完成。

在图片搜集和文字撰写过程中，得到了浙江大学农业与生物技术学院莫建初教授、郑经武教授和吴琼高级实验师，浙江大学动物科学学院胡福良教授，屏东科技大学植物医学系张念台教授，中国科学院动物研究所乔格侠研究员，云南农业大学植物保护学院桂富荣教授，广西师范大学生命科学学院周善义教授，中国热带农业科学院海口实验站李科明副研究员，海南大学环境与植物保护学院张宝琴副教授，新疆农业大学农学院马德英教授，美国得克萨斯农工大学 Beaumont 农业研究与推广中心 Michael O. Way 教授等同事、同行、老师的热情帮助。浙江大学昆虫科学研究所硕士研究生王英在图片和文献资料的搜集与整理方面做了大量工作。

本书部分图片来源于当初参加“中国外来入侵物种及其安全性考察”项目的同行。

本书得到国家重点研发计划“生物安全关键技术研发”重点专项“主要入侵生物的生物学特性研究”（2016YFC1200600）、“主要入侵生物的动态分布与资源库建设”（2016YFC1202100）和“主要入侵生物防制技术与产品”（2016YFC1201200）的资助。

在此一并深表谢意！

编　者

2019 年 4 月 18 日

序

随着国际贸易、交通运输业和旅游业的蓬勃发展，以及人员往来和国际大型活动的与日俱增，许多入侵物种在全球范围内呈现出快速扩散和蔓延的态势，对经济发展、生态安全和民众生活构成严重威胁。我国是遭受生物入侵影响最严重的国家之一，迄今已发生入侵种640多种，它们分布于农田、森林、水体、草原等我国主要的各类生态系统中，每年因其危害导致的经济损失高达2000多亿元；而且，随着我国经济发展和“一带一路”建设的推进，入侵我国的外来物种数量呈现上升趋势，近十年每年新发现的入侵种多达5~6种，是十年前的数倍。因此，生物入侵已成为影响我国农林牧渔业可持续发展、生态安全、社会稳定甚至国家安全的重要因素，进一步加强对入侵物种的管控迫在眉睫。

在我国，入侵性动物，尤其是众多入侵性昆虫和部分线虫、蜗牛、龟、螺、虾和鱼类入侵种，与农林牧渔业生产、生物多样性保护息息相关，是多年来我国生物入侵领域的重点管控对象。当前的形势是，传入较早的许多重大农林入侵昆虫、线虫等仍在我国持续扩散蔓延，影响水体生态安全的巴西龟、福寿螺、小龙虾等的威胁未减，与此同时，新的入侵动物尤其是可危害农林生产的种类不断发生，给管控带来极大压力。但是，另外一方面，由于入侵动物种类多，一些种类个体小（如蓟马、蚜虫），许多物种的形态还很相似（如蚧类），还有一些种类因近年才入侵我国而不为人熟知，甚至一些种类虽大家耳熟能详却不一定清楚其确切的形态特征，这些给准确识别入侵种带来了难度，十分不利于管控措施的及时采用。事实也证明，及早发现并准确鉴定入侵种，是遏制其扩散蔓延、高效实施管控甚至根除的前提。因此，出版一本入侵种的鉴定图册，很有必要。

我们很高兴地看到，在生物入侵、植物检疫、植物保护等领域多位科研、教学和管理人员的共同努力下，该书顺利出版，为准确鉴定我国入侵动物提供了一份可靠的参考资料。该书呈现了入侵种形态和危害的大量彩色图片，并有入侵种形态、寄主（生境）与危害、生物学特性等方面的信息，图片清晰，文字表述精练、准确，十分实用。

尤其值得一提的是，该书收录了最近十年发生的重要农林害虫十余种，针对一些因个体小或形态相似而难以鉴定的入侵种，如粉虱、蚧类、斑潜蝇类，提供了大量图片，且大多数入侵种有其危害方面的资料。这些信息有助于我们准确识别那些尚不甚熟悉，或者实际工作中较难鉴定的种类，具有重要的参考价值。

特此为序。

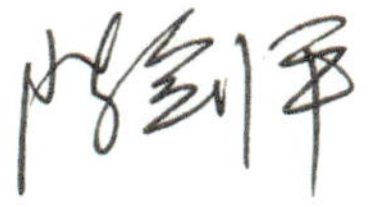

中国工程院院士

2019年5月10日

前　言

生物入侵已对全球生物安全、经济发展、国际贸易产生严重威胁，而且随着国际贸易、旅游、交通运输业的不断发展和人员往来的愈加频繁，外来有害生物的入侵不断加剧。中国是遭受外来生物入侵最严重的国家之一，已知入侵物种达640多种，据估计，其危害导致的经济损失达2000亿元以上，其中仅直接经济损失就达570多亿元。

我国外来入侵物种中，入侵动物达到270余种。其中很多物种已严重影响我国的农林牧渔业生产、生态系统功能和人居环境质量。例如，烟粉虱、马铃薯甲虫、苹果蠹蛾及许多实蝇、斑潜蝇、美国白蛾、粉蚧类入侵害虫已成为制约我国蔬菜、马铃薯和多种水果生产的重要因素；松材线虫、美国白蛾、红脂大小蠹、椰心叶甲及多种蚧类已对我国的林业生产造成极大破坏，导致巨大经济损失；克氏原螯虾（小龙虾）、巴西龟和福寿螺具有强大的生存竞争力，甚至可直接捕食土著生物或传播病原生物，由此改变水生生物群落的结构，扰乱生态系统功能；红火蚁可攻击动物和人，威胁人畜健康，人体被其螯针刺后可出现如灼伤般的水泡、脓包，敏感体质人群出现局部或全身过敏，甚至休克、死亡。

为了有效预防与控制外来入侵物种的危害，我国政府高度重视，科技部等部门自2002年以来连续批准启动了针对外来物种入侵机理、防控策略与技术的研究项目，取得了丰硕成果，不仅有效遏制了一些重大入侵物种的扩散蔓延，并积累了大量技术储备。与此同时，我们应看到，防控入侵生物的形势依然十分严峻，不仅现有的某些入侵物种发生范围在继续扩大，而且不断有新的外来种入侵我国，迫切需要对其发生态势持续加以关注。在此形势下，我们在前人工作的基础上，结合多年的工作积累，将107种我国重要入侵动物的彩色图片及相关信息编辑成册，并对这些入侵物种的分类地位、形态特征、寄主（或生境）及危害状况、生物学特性、分布等基本信息进行介绍，希望能为读者准确鉴定外来动物、第一时间掌握其发生与危害等方面的信息提供帮助。

本书所收录的入侵动物为目前至少已在局部地区产生严重危害者，或虽尚未扩散但具潜在威胁需加以关注者；一些入侵动物虽然存在巨大潜在威胁，但由于缺乏图片或参考资料，未被纳入本书。各物种撰写过程中，我们尽可能征询相关同行的意见和建议，力求对形态特征、寄主（或生境）及危害、生物学特性、分布等信息的描述准确到位。

由于图片、文献资料掌握有限，书中的不足之处在所难免，对于书中所列的入侵物种生物学特性、分布等信息可能因作者认识水平有限而存在偏差，恳请广大读者批评指正。

编　者

2019年4月18日

CONTENTS 目录

Biological Invasions:

Pictorial Handbook of Invasive Alien Animals in China

生物入侵：
中国外来入侵动物图鉴

1. 德国小蠊 *Blattella germanica* L.

分类地位：蜚蠊目 Blattodea，姬蠊科 Blattellidae

英文名称：German cockroach

其他中文名：德国姬蠊，德国蟑螂

德国小蠊成虫（李俊杰 摄）

带着卵鞘的德国小蠊成虫（虞国跃 摄）

形态特征：成虫个体小，雌雄同型，体长11~15mm，椭圆形，背腹扁平。头小，位于胸部前方，且向腹面弯曲，大部分隐藏于前胸之下。触角细长，丝状。通体浅褐色，最显著的特征是前胸背板上有2条宽大平行的褐色纵纹。前翅革质，后翅膜质。中、后足腹面多刺，跗节具跗垫和中垫，爪对称。

生境及危害：对环境的适应性强，宾馆、酒店的厨房、酒吧、餐厅、包房等场所均有分布，户外落叶堆与草丛也可生存。可对环境和人体健康造成严重影响。能取食多类有机物，包括淀粉、糖类、油脂、肉类、奶制品、皮革、头发等，尤喜食糖和淀粉类物质；除了污染衣物、纸张和食物，还传播多种病菌和寄生虫。

生物学特性：生活周期短，繁殖力高。常温下一年发生4~5代。能以任何虫态越冬，但多以若虫为主。雌虫平均产卵鞘3~7个，每个卵鞘有卵35~45粒。产卵后一直将卵鞘夹持在腹末，直至若虫全部孵出才脱离母体，故若虫可以随母体到处扩散。初龄若虫躲在缝隙中，以成虫粪便和带入的食物残渣为食。若虫与成虫皆为夜出性。

中国分布：全国各地均有分布。

其他地区分布：原产于非洲东北部，世界各国均有分布。

入侵中国的最早记录：1935年东北地区有记载。

2. 美洲大蠊 *Periplaneta americana* L.

分类地位：蜚蠊目 Blattodea，蜚蠊科 Blattidae

英文名称：American cockroach

其他中文名：美洲蜚蠊

① 美洲大蠊成虫（具很长的丝状触角）；② 成虫头胸部，示前胸背板的斑纹；③ 饲养的美洲大蠊；④ 产下的卵鞘用于培养寄生蜂

（四幅照片均为虞国跃 摄）

形态特征：体长 27~32mm，至翅末 38~42mm。体红褐色，前胸背板淡黄色，具 1 对褐色或黑褐色蝶形斑，且蝶形斑中线处具向后延伸的“小尾”；背板前缘具“M”或“T”形浅色斑，后缘具黑褐色窄带。前翅红褐色，雄虫翅末远远超过腹末，而雌虫仅稍稍超过腹末。雄虫腹末肛上板宽大，后缘中央具“V”形切口，切口较深，但不及肛上板长度之半；雌虫肛上板小，三角形，后缘的切口小。雌虫产的卵鞘长约 1cm，宽约 0.5cm。

生境及危害：对环境的适应性强，工厂车间、商店、饭店、车船、家庭、医院、图书馆、下水道等场所均有分布。食性广泛，能取食多种有机物成品和半成品、食品、垃圾等，甚至能在温室内取食苗木、香菇等，喜食糖和淀粉类物质。不仅污染食物，还能传播多种人类病原菌和寄生虫，是世界性卫生害虫。

生物学特性：常群集生活，在室内饲养时 12~13 个月完成一个世代，成虫寿命长，可达 2 年。大多晚上活动，爬行迅速，也能做短距离飞行。产卵鞘时用口分泌黏液粘在附近的物体上；卵鞘有时可在腹末携带数天。

中国分布：全国各地均有分布，尤以南方地区更为常见，北方多见于室内。

其他地区分布：原产于非洲中部，已入侵到世界各地。

入侵中国的最早记录：引入较早，具体不详。

3. 截头堆砂白蚁 *Cryptotermes domesticus* (Haviland)

分类地位：等翅目 Isoptera，木白蚁科 Kalotermitidae

英文名称：无，属的英文名为 Drywood termite

其他中文名：截头砂白蚁

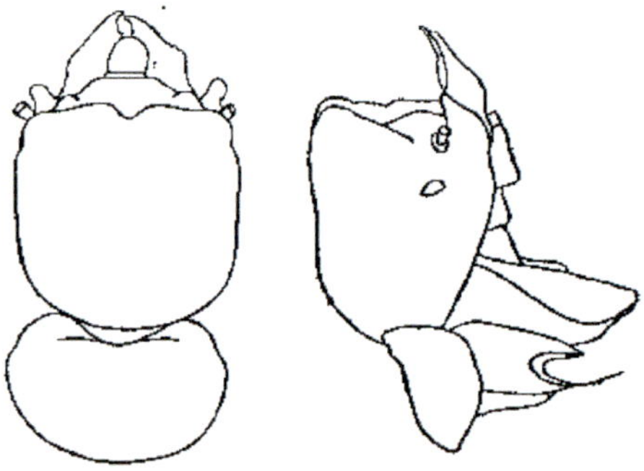

截头堆砂白蚁头和前胸部的背面（左）和侧面（右）（引自蔡邦华和陈宁生，1964）

截头堆砂白蚁有翅成虫（莫建初　提供）

截头堆砂白蚁危害状（示蛀孔）（莫建初　提供）

形态特征：有翅成虫头淡黄褐色至黄褐色，前面色淡；头长明显大于头宽，在复眼前略变狭，后缘圆；唇基黄白色，前缘凹陷，上唇黄色至黄褐色；复眼和单眼卵形，两者紧靠；触角 12~16 节，淡黄色。前胸背板淡黄色至黄色，颜色浅于头部，宽度常小于头宽（连复眼），中缝不明显；前缘宽，有一狭窄的凹槽或近平直，两侧略突出。中胸背板和后胸背板的中缝明显。足淡黄色，有时跗节比腿节色略深。翅透明或略带褐色，前缘脉颜色深；前翅肘脉、径脉和径分脉骨化，径分脉 5~7 条，中脉和径分脉在超过翅中间之处愈合。

兵蚁头深褐色至黑色，后部色淡；上颚红褐色至黑色；触角、足和身体黄至黄褐色，前胸背板前缘附近色深。背面观，头近方形，在复眼前处最窄，后缘圆，毛少；侧面观，在额脊后面的中间强烈凹陷，少有浅凹陷。颊角非常发达，额角在触角窝上方略膨大。额脊明显，前缘强烈突出，突出不明显者较少，具一凹槽。额扁平，垂直，有少许皱纹。复眼近卵圆形，明显，无色，稍突出。上颚短至中长，强突出于外侧。前胸背板宽，具三角形凹槽，前缘有锯齿，两侧突出，后缘平直。

寄主及危害：能取食多种不同树种的木材，主要蛀蚀干木材、木制品及建筑物的木结构。被害木材表面常出现如大头针针头大小的小圆孔，并陆续排出细小而结实的粒状排泄物，逐渐累积成堆，似沙丘状。

生物学特性：缺工蚁品级，靠繁殖蚁若虫取食，饲养幼蚁和兵蚁。具两种繁殖途径：一是原始繁殖蚁分飞配对后建立新群体；二是若蚁离群后，产生补充型繁殖蚁进行繁殖。分飞时间长。原始繁殖蚁脱翅后，寻找隐蔽的场所钻洞并用分泌物封闭洞口，于洞内活动和繁殖后代。产卵前期长，卵量少，卵期较长，至产生下一代原始繁殖蚁所需时间长（在广州、湛江室温下需 6~7 年），故种群增长缓慢。补充型繁殖蚁只能一雌一雄并存，每个群体只能存在 1 对；当缺少其中一头时，可重新形成新的补充型繁殖蚁，但若新者不能形成，则整个群体逐渐消亡。

留在木材隧道内的截头堆砂白蚁粪粒（莫建初　提供）

中国分布：广西、广东、云南、海南、台湾等。

其他地区分布：分布于世界四大地理区系，广泛分布于东南亚和太平洋地区。

入侵中国的最早记录：不详。

4. 小楹白蚁 *Incisitermes minor* (Hagen)

分类地位：等翅目 Isoptera，木白蚁科 Kalotermitidae

英文名称：Western drywood termite

其他中文名：无

形态特征：兵蚁头红棕色，头端部及上颚基部深褐色或黑褐色，触角第 1~3 节红棕色，其余各节色淡，胸、足及腹部浅黄色。头长方形，两侧近平行，背面稍平，头近颚基处外侧有时具三角形突，有时则平，变化较大；额部稍下陷，并向前倾斜；眼点透明、狭长，位于触角窝后方，有时不清楚；触角棒状，10~14 节，第 3 节长度等于后 3 节长度之和；上唇短舌形，较宽短，前端微凸，有数枚长毛；后颏较短宽，前半部宽大，后半部狭窄。前胸宽为长的 2 倍，前缘中央深凹陷，前侧角近方形，后侧角宽圆，后缘近平直，有时中央略凹。

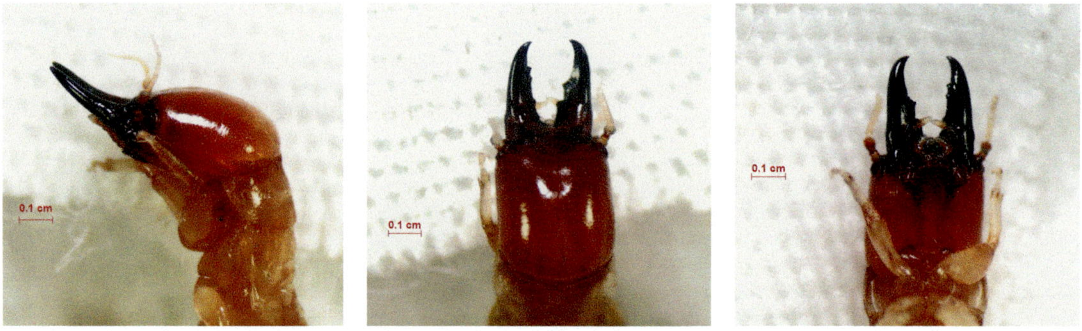

小楹白蚁兵蚁体前部侧面、头部背面、头部腹面（周培　摄）

小楹白蚁兵蚁和若蚁（莫建初　提供）

小楹白蚁脱翅成虫（莫建初　提供）

寄主及危害：可为害多个树种的干木材，如建筑物和船舶的木结构、家具、木制工艺品等，是一种典型的干木害虫。从树木和木材的裂缝、接头等处侵入，危害严重时木材被蛀食一空，只剩表皮，里面充满粉末及其排泄物。危害隐蔽，不易被察觉，潜在危害性极高。

生物学特性：在木材中生存，对水分要求低。建群主要通过有翅成虫分飞、脱翅、配对后繁殖形成，只需少量配对成功即能建群定殖。当脱离巢穴的幼蚁种群个体少至 15~40 头时，在适宜的条件下经 4~7 天即能产生补充生殖型。

中国分布：江苏、上海、浙江。

其他地区分布：美国、墨西哥、加拿大、日本。

入侵中国的最早记录：1937 年从美国传入浙江宁海。

5. 印缅乳白蚁 *Coptotermes gestroi* (Wasmann)

分类地位：等翅目 Isoptera，鼻白蚁科 Rhinotermitidae

英文名称：Asian subterranean termite

其他中文名：格斯特乳白蚁，东南亚乳白蚁

印缅乳白蚁兵蚁体侧面（周培　摄）

印缅乳白蚁兵蚁头部侧面（周培　摄）

印缅乳白蚁兵蚁头部背面（周培　摄）

印缅乳白蚁兵蚁头部腹面（周培　摄）

形态特征：兵蚁体中小型，长 4.0~5.6mm。头壳淡黄至黄色，卵圆形，近中后最宽，侧观头背缘中段近平直或稍凹。头壳毛稀疏，囟孔大，囟孔毛每侧 1 根，两触角与囟孔间各具毛 1 根。触角 14~15 节，色淡于头壳。上唇矛状，除端毛外其他细毛几不可见，唇端狭三角形，稍透明。上颚赤褐色，体较细直而颚端稍弯，颚长多为头长的 2/3 以下。后颏前段颏面较平，与中段宽区相接处稍呈半弧形浅凹后再稍拱起，颏面可见几条模糊的纹，腰区位于中后段。前胸背板色淡于头壳，宽约为中长的 2 倍；前缘中央浅凹，两侧缘和后侧角连成宽弧形，后缘中央浅凹；周缘具几根长刚毛，中区近光滑，偶可见几根长毛或若干细毛。

寄主及危害： 寄主种类繁杂。不但危害房屋建筑木结构、仓储物资，蛀蚀电缆，还广泛危害倒伐木、病树。可为害海岸沿线红树林及其他树材。

生物学特性： 属土木两栖性白蚁，喜高温高湿环境，常筑巢于木材的表皮下、裂缝中等隐匿处。繁殖行为特殊，工蚁在应急情况下可蜕变分化获得生殖能力，而非必须由繁殖型或者有翅成虫才能繁殖后代。

中国分布： 云南、海南、台湾、广东。

其他地区分布： 印度、缅甸、泰国、新加坡、马来西亚、毛里求斯、留尼汪岛、波利尼西亚、密克罗尼西亚、斐济、墨西哥、美国、加勒比海地区、巴西沿海地区等。

入侵中国的最早记录： 1985 年首次在海南和云南发现。

6. 西花蓟马 *Frankliniella occidentalis* (Pergande)

分类地位： 缨翅目 Thysanoptera，蓟马科 Thripidae

英文名称： Western flower thrips，Alfalfa thrips

其他中文名： 苜蓿蓟马，西方花蓟马

西花蓟马成虫（左：贝亚维　提供；右：虞国跃　摄）

形态特征： 雌成虫体细小，平均体长 1.5mm。体色变异较大，黄色至深灰褐色，冬季体色较深。黄色型成虫的腹部通常具灰色斑带，头、胸两侧常有灰斑；触角 8 节，第 1 节浅黄色，第 2 节褐色，第 3~5 节黄色。头宽略大于头长，单眼前鬃均较短，1 对单眼间鬃很长，位于前后单眼外连线的内侧；复眼后鬃 6 对，从内向外第 4 对最长，约与单眼前鬃等长。前胸背板具 4 对长鬃，中后胸背板愈合，后胸背板中央有不规则网状纹，近后方有 1 对钟状感觉器。前翅狭长，发育完全，淡黄色，折叠时在腹中部下端形成 1 条黑线，翅面刚毛排列均匀完整；前缘缨毛明显短于后缘缨毛。腹部各背板中央有“T”形褐斑，第 5~8 背板两侧的气孔外方有微弯梳，第 8 节后缘有完整的梳状长毛。雄成虫体长 1~1.15mm，略小于雌虫，体黄色，通常比雌性色浅，腹部第 3~7 腹板前部有横椭

圆形小腺室，第 8 节背板后缘无梳状毛。卵长 0.25mm，白色肾形。若虫共 4 龄，体狭长，初孵时白色，蜕皮前为黄色，老龄若虫蜡黄色。

寄主及危害： 寄主植物达 500 余种，主要有李、桃、苹果、葡萄、草莓、茄、辣椒、番茄及各类观赏类花卉。成虫和若虫均能危害，以锉吸式口器取食植物地上各部位，偏好取食花和花粉。寄主被害后，花瓣、叶片皱缩，茎和果则形成伤疤，生长不良，甚至枯萎死亡。在取食未开花的花朵时能传播花粉，引起花朵提前受精早熟，导致果实品质下降。能传播包括番茄斑萎病毒在内的多种病毒，加剧危害程度。

生物学特性： 营两性生殖和孤雌生殖。发育快，世代历期短，繁殖能力强。单雌平均产卵 229 粒。卵通常单个分散产于叶、花和果实等的薄壁组织细胞内，偶有沿着叶脉成行。老龄若虫甚活跃，受到惊扰时四散逃走，接近成熟时掉离植物于地下 1~5cm 的土壤里化蛹，有时也在花里化蛹。

中国分布： 北京、河北、山东、江苏、浙江、云南、贵州、台湾、西藏、黑龙江、湖南、新疆、吉林、内蒙古、甘肃、山西、辽宁、天津、宁夏、陕西、河南、四川。

其他地区分布： 亚洲、非洲、欧洲、北美洲、中美洲及加勒比海地区、南美洲及大洋洲的 70 多个国家和地区。

入侵中国的最早记录： 2000 年 5 月首次在台湾发现，2003 年 6 月在北京市郊的辣椒花朵上发现。

在西瓜花上群集的西花蓟马（虞国跃　摄）

大葱上不同龄期的西花蓟马若虫（虞国跃　摄）

草莓叶上的西花蓟马若虫（虞国跃　摄）

西花蓟马在西瓜叶上的危害状（虞国跃　摄）

西花蓟马在玫瑰花上的危害状（袁成明 提供）

西花蓟马对大棚内玫瑰的危害状（袁成明 提供）

7. 美洲棘蓟马 *Echinothrips americanus* Morgan

分类地位： 缨翅目 Thysanoptera，蓟马科 Thripidae

英文名称： Poinsettia thrips

其他中文名： 美洲棘脊蓟马，美棘蓟马

形态特征： 雌成虫体长1.6mm，雄虫1.3mm。虫体黑褐色。触角第1、第2节深褐色，第3、第4和第5节前端色渐浅呈半透明状。复眼黑色，单眼红色。前翅翅基白色，其余部分灰色。前、中、后足基节、转节、腿节和胫节前端黑色。卵椭圆形，位于叶片背面表皮下，呈椭圆形突起状，孵化之前透过叶片表皮可以看到1对红色复眼。1龄若虫体较粗短，头胸部总长占体长的一半，初孵时体色透明，取食后渐变为白色，之后呈浅黄色，体表被无色短刚毛，腹部末端具4根细长的刚毛。2龄若虫体较细长，头胸部

总长约占体长的 1/3，浅黄色，半透明，体表被无色短刚毛，在变为预蛹之前呈乳白色。预蛹白色，翅芽较短，长度不及体长的一半，触角伸向前方，复眼红色，体被无色短刚毛。蛹白色，翅芽较长，超过体长的一半，触角弯向身体后方，体被无色短刚毛，复眼红褐色。

寄主及危害：寄主范围广，国外报道有 48 科 106 种植物，主要为观赏植物，其中天南星科、大戟科、夹竹桃科种类较适宜。南瓜、黄瓜、辣椒等多种蔬菜也是其适宜寄主，温室中常危害严重。在叶片的正反面取食，危害状与螨类相似，造成白色斑点，并在叶片上留下黑色颗粒状排泄物。也可为害花。在温室内可常年发生危害。

美洲棘蓟马雌成虫（标尺示 200 μm，下同；魏书军　提供）

美洲棘蓟马雄成虫（魏书军　提供）

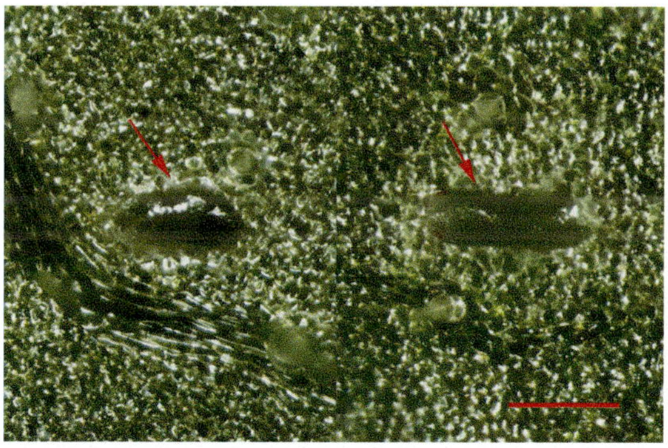

美洲棘蓟马卵（魏书军　提供）

美洲棘蓟马 1 龄若虫（魏书军　提供）

美洲棘蓟马 2 龄若虫（魏书军　提供）

美洲棘蓟马预蛹（魏书军 提供）

美洲棘蓟马蛹（魏书军 提供）

群集的美洲棘蓟马（虞国跃 摄）

生物学特性：营两性生殖和孤雌产雄。在25℃下，成虫羽化24h后开始产卵，每雌平均产卵77粒，雌虫平均寿命41天，从卵发育到成虫约需15天。卵产于叶片背面表皮下。1龄、2龄若虫常在叶片正反面取食危害，并可自由活动。

中国分布：北京、陕西、台湾。

其他地区分布：美国、加拿大、泰国、印度尼西亚、日本、澳大利亚，以及20多个欧洲国家。

入侵中国的最早记录：2004年在台湾发现，2008年在陕西杨凌发现。

8.腹突皱针蓟马 *Rhipiphorothrips cruentatus* Hood

分类地位：缨翅目 Thysanoptera，蓟马科 Thripidae

英文名称：Wax apple thrips，Grape thrips

其他中文名：腹钩蓟马，葡萄蓟马

形态特征：体长1.2~1.5mm。雌成虫体深褐色，头背、前胸背板、后胸背板及腹部第2~7节背片两侧1/3具皱纹；腹部第1~7节背片中部具网纹。触角8节，第1~5节、第6节基半部黄色，其余褐色；各节具横纹，第8节细长针状。足黄色。前翅无色，但翅基部及后缘浅褐色，翅脉黄色，翅端部钝。雄成虫刻纹与雌成虫相似；头及翅胸褐色，前胸背板黄褐色，腹部黄色但两侧橙色；腹部第4节后侧缘具齿状突起。

寄主及危害：可为害葡萄、玫瑰、榄仁、檬果、番石榴、莲雾等多种植物，是热带地区多种果树的重要害虫。主要以成虫和若虫为害叶片，常从叶背近叶柄部分开始为害，被害处呈锈色或深暗色斑，导致叶片变色、卷曲甚至枯萎凋落。其排泄物（红褐色黏液）粘在叶片上，易招致杂菌寄生，且干后变为黑褐色，污染叶面，削弱光合作用，阻碍植株正常生长。发生严重时也可为害果实，使果面产生锈色或深暗色斑，严重影响果实外观品质。

生物学特性：成虫聚集于叶背活动和取食，产卵于叶片、叶肉或果实组织内。1龄、

2 龄若虫行动较活泼，初孵若虫经短暂静止期后即群聚于叶片下表皮、主脉、支脉、果蒂、果缝等隐蔽凹陷处。成虫在嫩叶、老叶上均较多，而若虫集中于中老叶。

中国分布： 福建、广东、广西、海南、台湾、云南。

其他地区分布： 阿富汗、孟加拉国、印度、印度尼西亚、缅甸、阿曼、巴基斯坦、斯里兰卡、泰国、毛里求斯。

入侵中国的最早记录： 1976 年传入台湾，1980 年在广东阳江发现。

腹突皱针蓟马成虫（左雌右雄；童晓立　提供）

9. 银合欢异木虱 *Heteropsylla cubana* Crawford

分类地位： 半翅目 Hemiptera，木虱科 Psyllidae

英文名称： Leucaena psyllid

其他中文名： 新银合欢木虱

银合欢异木虱成虫（左：虞国跃　摄；右：齐国君　摄）

形态特征：成虫体长雄 1.3~1.4mm，雌 1.6~1.7mm，体黄色至黄绿色或淡绿色。触角细长，长约为头宽的 2.4 倍，褐色，第 4、第 5 节的端部和末端 5 节全部黑色。头微向下倾，与胸等宽，头顶宽为头长的 1.9 倍，头顶的后缘凹，在头中线的两侧近后缘部分各有一压痕，单眼后区稍隆起，并具柔毛，颊锥大，在触角点的下方隆起，具柔毛。额可见，状如一小条纵向骨片。胸部稍拱起，具柔毛，前胸背板近垂直，中胸背面有 4 条黄褐色或深黄色纵带斑。前翅小，长为宽的 2.4 倍，翅痣大，Rs 脉近波状弯曲，肘室大小约等于中室，由 3 条边围成，翅端部近圆弧形。后翅长约为前翅的 0.8 倍。足长，淡黄色，端跗节黑色，后胫节有基齿，5 个端距按 1+1+3 排列，周围着生一些刚毛。卵椭圆形，长约 0.3mm，宽约 0.1mm，初产时白色略透明，后渐变为淡黄色，近孵化时为橙黄色；卵顶尖细，底端粗钝。若虫共 5 龄，形态与蚜虫相似，两侧扁平，长椭圆形，颜色变化不一，但初孵若虫呈微白色。

寄主及危害：该虫是为害银合欢属植物的重要害虫，以若虫、成虫群集于寄主银合欢的嫩枝、幼叶、叶梢及嫩荚，刺吸幼嫩组织的汁液危害，导致顶芽枯萎，嫩梢幼叶曲卷、皱缩、萎蔫，直至枯死。排泄的蜜露能诱发煤污病，阻碍植物光合作用，影响新叶生长，严重影响植株的生长和产量。

银合欢异木虱若虫及卵

（虞国跃　摄）

银合欢异木虱对银合欢的危害状

（虞国跃　摄）

银合欢复叶上的银合欢异木虱若虫

（虞国跃　摄）

银合欢异木虱危害状

（齐国君　摄）

寄生蜂羽化后的银合欢异木虱若虫壳（虞国跃　摄）

生物学特性：在海南儋州一年发生 15~16 代，完成一代需 16~21 天；在福州一年约发生 20 代，完成一代需 20~25 天，世代重叠明显。以成虫和卵越冬。成虫活跃，受惊动即跳离，有趋光性，在幼嫩枝叶上活动吸食，也常在老叶上停留。每雌产卵 32~330 粒。卵一般产于幼嫩末端叶上，尤其是尚未展开的幼叶。若虫活动性强。

中国分布：台湾、福建、广东、广西、海南、香港、澳门、云南、贵州、四川。

其他地区分布：原产于加勒比海地区、墨西哥和中南美洲。分布于亚洲、非洲、北美洲、中美洲及加勒比海地区、南美洲、大洋洲的 50 多个国家和地区。

入侵中国的最早记录：1985 年首先发现于台湾，1986 年 9 月发现于广西。

10. 葡萄根瘤蚜 *Daktulosphaira vitifoliae* Fitch

分类地位：半翅目 Hemiptera，根瘤蚜科 Phylloxeridae

英文名称：Grape root louse，Grape phylloxera

其他中文名：葡萄根虱

葡萄根瘤蚜根瘤型无翅孤雌蚜
（左、右图分别为背面、腹面；王忠跃　提供）

形态特征：成蚜分根瘤型无翅孤雌蚜、叶瘿型无翅蚜、有翅型孤雌蚜、有性蚜。体小而软，触角 3 节，腹管退化，传播和危害均以根瘤型为主。①根瘤型无翅孤雌蚜：体卵圆形，长 1.2~1.5mm，鲜黄色至污黄色，头部色深，足和触角黑褐色，触角粗短。体背各节有许多黑色瘤状突起，各突起上生 1 根毛。②叶瘿型无翅蚜：成蚜体近圆形，无腹管，体长 0.9~1mm，与根瘤型无翅成蚜相似，但个体较小，体背无瘤状突起，在各胸节腹面内侧有 1 对肉质小突起；胸、腹各节两侧气门明显；触角末端有刺毛 5 根。③有翅型孤雌蚜：成蚜体长椭圆形，长约 0.90mm，宽约 0.45mm，黄色至橙黄色，触角及足黑褐色，中后胸红褐色；单眼 3 个；翅 2 对，前宽后窄，静止时平叠于体背（不同于一般有翅蚜的翅呈屋脊状覆于体背）；触角 3 节，第 3 节有 2 个感觉圈，1 个在基部近圆形，另 1 个在端部长椭圆形；前翅翅痣长形，有中脉、肘脉和臀脉 3 根斜脉，后翅仅有 1 根脉（径分脉）。④有性蚜：雌成蚜体长椭圆形，长 0.38mm，宽 0.16mm，无口器和翅；体黄褐色，触角和足灰黑色；眼深红色，复眼由 3 个小眼组成；触角 3 节，第 3 节约 2 倍于第 1、第 2 节之和，近端部有 1 个感觉圈。雄成蚜体长 0.31mm，宽 0.13mm，无口器和翅；体色、眼及触角同雌蚜；外生殖器孔头状，突出于腹部末端。

孤雌生殖的卵长约 0.3mm，宽约 0.15mm；越冬卵（由有性雌成蚜交配后产下）比孤雌卵小，长约 0.27mm，宽约 0.11mm；两性卵（由有翅蚜产下）分大小两种，大者为雌卵，长 0.35~0.50mm，宽 0.15~0.18mm，小者为雄卵，长约 0.28mm，宽约 0.14mm。卵初产时淡黄色至黄绿色，有光泽，后渐暗黄绿色。若虫共 4 龄，体淡黄色，眼、触角、喙及足分别与各型成虫相似。

寄主及危害：仅为害葡萄属植物。以成虫和若虫刺吸寄主的汁液致害。在美洲系葡萄品种上，该蚜既能为害叶部也能为害根部，叶部受害后在叶背形成许多粒状虫瘿（“叶瘿型”）。在欧洲系葡萄品种上，一般不为害叶部而主要为害根部，尤其是新生须根；须根被害后形成菱角形根瘤，主根上则形成较大的瘤状突起（“根瘤型”）。受害植株树势明显衰弱，叶片变黄掉落，严重时整株枯死。

生物学特性：主要以孤雌生殖方式进行繁殖，在秋末才进行两性生殖。繁殖速度快，代数多，根瘤型每年发生 5~8 代，叶瘿型每年发生 7~8 代。卵与若蚜耐寒能力强。

中国分布：辽宁、山东、陕西、甘肃、河南、湖南、上海、广西、云南、贵州、浙江、台湾。

其他地区分布：分布于亚洲、欧洲、非洲、北美洲、南美洲的 30 多个国家和地区。

入侵中国的最早记录：1892 年张裕葡萄酒厂在山东烟台建葡萄园，1895 年从法国引入葡萄苗时被引入。

葡萄根瘤蚜有翅型孤雌蚜成虫
（董丹丹　摄）

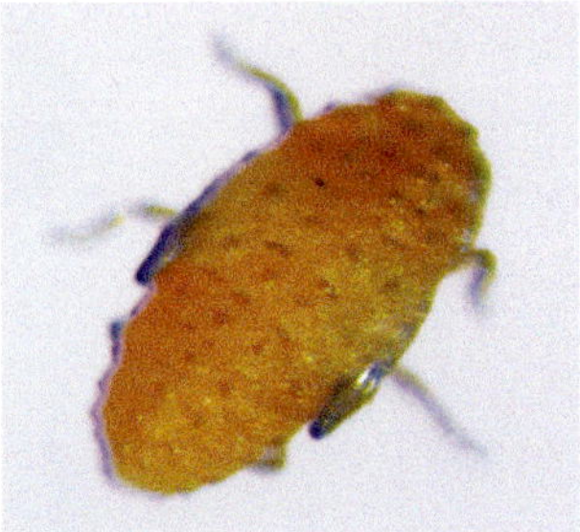

葡萄根瘤蚜有翅蚜若虫（左）和无翅根瘤型 1 龄若虫（右）（董丹丹　摄）

葡萄根瘤蚜为害后叶背形成的虫瘿及叶片正面
（白先进　提供）

葡萄根瘤蚜为害后根部形成的瘤状突起
（李世诚　摄）

11. 栗苞蚜 *Moritziella castaneivora* Miyazaki

分类地位：半翅目 Hemiptera，根瘤蚜科 Phylloxeridae
英文名称：Chestnut phylloxera
其他中文名：无

栗苞蚜无翅孤雌蚜背面（郑方强、刘勇 摄）

栗苞蚜无翅孤雌蚜腹面（郑方强、刘勇 摄）

栗苞蚜卵（红点为胚胎复眼；郑方强、刘勇 摄）

栗苞蚜无翅若蚜（郑方强、刘勇 摄）

形态特征：无翅孤雌蚜体型小，体长 0.87~1.02mm。头、胸部宽大，分节不明显，长度之和大于腹部，且向腹部渐细，呈倒梨形；活体黄褐色，体背瘤灰黑色；玻片标本黑褐色，体背瘤、触角、喙、足、尾片、尾板、外生殖器、生殖板和腹部第 6~8 背片背斑黑色；头、胸部和腹部第 1~6 背片满布鳞片状突起和发达的背瘤；触角粗短，3 节，各节表面粗糙，第 3 节端部有 1 个原生感觉圈；足 3 对，大小长短均相等，跗节 2 节。卵椭圆形，初产时为乳白色，后为浅黄色，有光泽。若虫共 4 龄，长椭圆形，黄绿色，较短小；体表无白粉，触角丝状；复眼较退化；腹部分节明显，腹管退化，各腹节瘤突和尾片均不明显。

寄主及危害：是我国重要的林业害虫，主要为害日本栗和中国栗。成虫和若虫刺吸寄主的汁液致害。在栗苞生长前期，能造成栗苞脱落或发育迟缓，推迟成熟开裂，品质下降；在栗苞形成后，该蚜群聚在苞刺基部为害，受害部位变黄，直至变褐干枯；后期为害可造成栗苞和果实成熟前大量开裂，栗苞蚜钻入栗苞内，在其内壁和坚果上为害。坚果受害后表面呈褐色，果皮干枯开裂，种子脱落或易发霉腐烂，严重时整株颗粒无收。

生物学特性： 对环境适应性较强，每年可发生 10~15 代，世代重叠明显。以成虫或卵在苞刺束、树皮裂缝处和栗苞内越冬。产卵部位因寄主生长期不同而异：早期产于新梢嫩叶基部，花序形成后部分产于花序上，为害栗苞后多产于栗苞基部和侧面外刺基部或分叉处。卵成堆，每堆卵块有 10~300 粒。

中国分布： 山东、辽宁、河北、河南、浙江、江苏、北京、天津。

其他地区分布： 日本、韩国。

入侵中国的最早记录： 1996 年首次在辽宁宽甸发现。

栗苞表面和苞刺被害状（姜立云　摄）

坚果受害后干枯发霉（姜立云　摄）

12. 苹果绵蚜 *Eriosoma lanigerum* (Hausmann)

分类地位： 半翅目 Hemiptera，瘿绵蚜科 Pemphigidae

英文名称： Woolly apple aphid，Elm rosette aphid，American blight apple wooly aphid

其他中文名： 赤蚜，血蚜，白毛虫，山楂卷叶绵蚜

形态特征： 成虫体红褐色，被蜡质绵毛状分泌物。无翅孤雌蚜体卵圆形，长 1.7~2.2mm，头部无额瘤；腹部膨大，黄褐色至赤褐色，侧面有着生短毛的瘤状突起，背面具 4 列明显呈花瓣形的纵裂泌蜡孔，分泌白色蜡状物；复眼暗红色，触角粗短，灰黑色，6 节，第 3 节最长，各节具短毛 2~4 根。有翅孤雌蚜体椭圆形，长 2.3~3.0mm，头胸黑色，腹部暗赤褐色，全身被白粉，腹部有少量白色长蜡丝。尾片、尾板、足黑色，腹管退化为黑色环状孔。触角 6 节，第 1、第 2 节短而粗，第 3 节约等于或稍长于或明显长于末端 3 节之和。翅透明，翅痣和翅脉棕色。有性雌蚜体长约 1mm，淡黄褐色；头、

触角及足均为淡黄绿色，腹部赤褐色；触角 5 节，口器退化。有性雄蚜体长约 0.7mm，体淡绿色；触角 5 节，末端透明，口器退化；腹部各节中央隆起，有明显的沟痕。若虫共 4 龄，身体略呈圆桶形，赤褐色。触角 5 节，口针细长，向后延伸。4 龄若虫体长 1.4~1.8mm，泌蜡孔虽已成形，但蜡状物分泌很少。

寄主及危害： 寄主植物有苹果、花楸、李、榆、山荆子、海棠、花红、沙果等。主要以无翅胎生成虫及若虫群集于寄主背阳枝干的伤口、裂缝、嫩梢、新梢叶腋、嫩芽、

苹果绵蚜无翅孤雌蚜（虞国跃　摄）

苹果绵蚜有翅蚜（虞国跃　摄）

在苹果枝条上寄生的苹果绵蚜（左：虞国跃　摄；右：周洪旭　摄）

苹果小枝上群集生活的苹果绵蚜（虞国跃　摄）

在苹果剪锯口寄生的苹果绵蚜（左：虞国跃　摄；右：周洪旭　提供）

群居在树皮下的苹果绵蚜
（周洪旭　提供）

被害植株上的瘤状突起
（周洪旭　提供）

被日光蜂寄生的苹果绵蚜黑蛹
（周洪旭　提供）

根、果实的梗洼和萼洼及根部，吸取汁液，消耗寄主营养，从而削弱树势，影响成花结果，直至全株枯死。植株被害后，起初形成平滑而圆的瘤状突起，严重时肿瘤累累，有些肿瘤破裂，造成大小和深浅不同的伤口。叶柄被害后变成黑褐色，叶片早落。侧根受害形成肿瘤后，不再生须根，并逐渐腐烂。

生物学特性： 以孤雌繁殖方式产生胎生无翅雌蚜。一年发生 7~26 代，因地区不同而异。以低龄若蚜在树干、枝条的伤疤处，粗皮裂缝，土表下根茎部与根蘖，根瘤皱褶及不定芽中越冬。

中国分布： 辽宁、河北、河南、山东、山西、陕西、甘肃、江苏、安徽、贵州、云南、新疆、西藏、北京、天津、四川、宁夏。

其他地区分布： 原产于美国东部，现分布于亚洲、欧洲、非洲、北美洲、南美洲、大洋洲的 80 多个国家和地区。

入侵中国的最早记录： 1914 年首次在山东威海发现。

13. 印度小裂绵蚜 *Schizoneurella indica* Hille Ris Lambers

分类地位： 半翅目 Hemiptera，瘿绵蚜科 Pemphigidae

英文名称： 无

其他中文名： 无

形态特征： 无翅成蚜体长 1.0~1.8mm，宽 0.70~1.15mm。乳黄色，腹部特别膨大，触角 4 节。1 龄若蚜体略呈圆筒形，稍扁平，体长 0.45~0.62mm，宽 0.15~0.30mm，白色，触角 4 节；口吻细长，超过后足基部；腹部末端较尖。2 龄若蚜体长 0.59~0.74mm，宽 0.24~0.34mm，白色，体略呈楔形，触角 4 节，口吻长度约为腹部的 1/2。3 龄若蚜体长 0.78~1.06mm，宽 0.41~0.62mm，白色或乳白色，体呈圆锥形，触角 4 节。4 龄若蚜体

根上的印度小裂绵蚜及其危害状（谌爱东　提供）

长 0.9~1.5mm，宽 0.48~0.76mm，乳白色或乳黄色，体呈圆锥形。

寄主及危害：寄主植物为榆属、苹果属。集中发生于土表至地下 50cm 范围内，为害苹果须根、根梢和新根，造成须根与根梢受害后发黑至枯死，阻碍植株养分的吸收，严重影响树势。

生物学特性：在云南昭通，全年发生约 14 代。无翅蚜种群各虫龄全年均有发生，其中以 3~4 龄若虫和成虫为主要虫态，寄生于苹果根部，集中于 0~30cm 危害。田间种群数量高峰期出现在 9~12 月，5~7 月为种群快速增长期。有翅蚜发生于 11 月上旬至 12 月下旬，迁飞量少。

中国分布：云南。

其他地区分布：印度和巴基斯坦。

入侵中国的最早记录：2002 年在云南昭通发现。

14. 洋白蜡卷叶绵蚜 *Prociphilus fraxinifolii* (Riley)

分类地位：半翅目 Hemiptera，蚜科 Aphididae

英文名称：Leafcurl ash aphid，Woolly ash aphid

其他中文名：无

形态特征：有翅孤雌蚜体长 1.5~1.7mm，至翅末 2.6~2.8mm；体被白色蜡粉，以腹后部最厚，丝状；体腹部淡黄绿色，头、胸部背面具黑褐色斑或大部黑褐色；触角浅褐色，6 节，以第 3 节最长；第 6 节基部具 1~5 个次生感觉圈，近圆形，形状与前几节的长形次生感觉圈不同。无翅孤雌蚜体长 1.6~2.1mm；体被白色蜡粉，体后部的蜡粉多，蜡丝长而呈条状，其上常滞留分泌的蜜露滴；体淡黄绿色，复眼红色，触角及足无色透明或淡黄色；喙较短，达中胸；无腹管。

寄主及危害：目前已知寄主植物有洋白蜡 *Fraxinus pennsylvanica*，美国白蜡树 *F.*

卷叶内洋白蜡卷叶绵蚜群
（虞国跃 摄）

卷叶内洋白蜡卷叶绵蚜的无翅孤雌虫和若蚜
（虞国跃 摄）

洋白蜡卷叶绵蚜危害状（伪虫瘿）（虞国跃 摄）

卷叶内洋白蜡卷叶绵蚜的有翅蚜（虞国跃 摄）

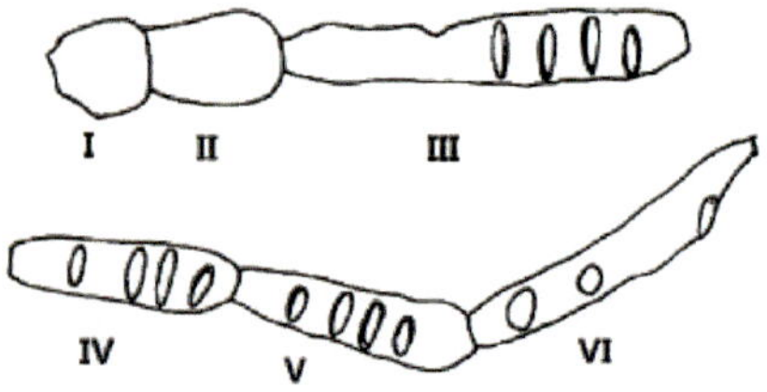

洋白蜡卷叶绵蚜有翅孤雌蚜的触角
（示感觉圈形状，I~VI 为节序号；虞国跃 作图）

americana，阔叶梣 *F. latifolia*，黑梣木 *F.nigra*，四棱梣木 *F. quadrangulata*，墨西哥梣 *F. uhdei*，绒毛白蜡 *F. velutina*。为害枝梢复叶的小叶，常把众多小叶蜷缩在一起，卷叶内具有大量蚜虫。被害叶片可显枯黄；分泌的蜜露保留在卷叶内，也可从开口处下滴，污染下方叶片等。

生物学特性：在北京，该卷叶绵蚜在 5 月至 10 月下旬可见，卷叶内可见无翅孤雌蚜，7 月及以后可见少量有翅蚜，进入秋季后发生量减少。未见转主寄生现象。生长快，繁殖量大，可分泌大量蜜露。

中国分布：北京、河南、河北、宁夏。

其他地区分布：美国、加拿大、墨西哥、智利、南非、匈牙利、塞尔维亚、保加利亚、西班牙、英国。

入侵中国的最早记录：2013 年 7 月在北京延庆张山营镇发现。

15. 烟粉虱 *Bemisia tabaci* (Gennadius)

分类地位：半翅目 Hemiptera，粉虱科 Aleyrodidae

英文名称：Tobacco whitefly，Sweet potato whitefly，Cotton whitefly

其他中文名：甘薯粉虱，棉粉虱

烟粉虱成虫（虞国跃 摄）

黄秋葵叶背烟粉虱各虫态（虞国跃 摄）

茄叶背的烟粉虱若虫（虞国跃 摄）

辣椒叶背烟粉虱伪蛹、蛹壳和可见成虫的伪蛹（虞国跃 摄）

形态特征：成虫体长 0.80~0.95mm，雌虫略大于雄虫。体淡黄白色到白色，翅白色无斑点，前翅翅脉 1 条不分叉，左右翅合拢于体背呈屋脊状。卵散产，成虫大量聚集时，可观察到卵排列成“C”形或环形。卵长约 0.21mm，宽 0.1mm，有光泽，长梨形，有小柄，与叶面垂直；初产时淡黄色，孵化前色变深，呈褐色。1 龄若虫能自由活动，其余各龄若虫足退化，固定在叶片上直到成虫羽化。若虫期形态特征变化多样。1 龄若虫椭圆形，长约 0.27mm，有 3 对发达的足和 1 对触角，腹部平、背部微隆起，淡绿色至黄色，腹部透过表皮可见 2 个黄点。2、3 龄时体长分别约为 0.36mm 和 0.50mm，足和触角退化至只有 1 节，体缘分泌可帮其附着在叶上的蜡质。体椭圆形，腹部平、背部微隆起，淡绿色至黄色。伪蛹（4 龄若虫）蛹壳黄色，长 0.6~0.9mm，有 2 根尾刚毛，背面有 1~7 对粗壮刚毛或无毛。管状孔三角形，长大于宽，孔后端有瘤状小突起，孔内缘具不规则齿。

烟粉虱可在光滑的西兰花叶背呈环形方式产卵，雄虫守候
（虞国跃　摄）

烟粉虱常见寄生蜂——丽蚜小蜂
（虞国跃　摄）

金叶假连翘上的烟粉虱寄生蜂——蒙氏桨角蚜小蜂 *Eretmocerus mundus*（虞国跃　摄）

棉花叶背正在产卵的烟粉虱寄生蜂——浅黄恩蚜小蜂 *Encarsia Sophia*（虞国跃　摄）

盖瓣半圆形，覆盖孔口约 1/2，长匙形的舌状器明显伸出于盖瓣之外，末端具 2 根刚毛，腹沟清楚，由管状孔后通向腹末，其宽度前后相近。

寄主及危害： 寄主范围甚广，是棉花、蔬菜和花卉上的重要害虫。主要以 3 种方式为害：取食植物汁液造成植株生长衰弱，分泌蜜露并诱发煤污病；传播植物病毒，造成植物病毒病暴发；引起植物生理异常。甘蓝、花椰菜受害后，叶片萎缩、黄化直至枯萎；萝卜受害后，根茎白化、无味、重量减轻。

生物学特性： 一年可发生 11~15 代，世代重叠明显。产卵量从几十粒到上百粒不等，卵一般产于叶背面。成虫可存活 20 天左右。对黄色趋性强。

中国分布： 除青海外，我国其他省份均已有入侵性烟粉虱的报道。

其他地区分布： 除南极洲外的各大洲 90 多个国家和地区。

入侵中国的最早记录： 1949 年我国已有记载；1994 年在上海发现烟粉虱 MEAM1 隐种（原称为 B 型烟粉虱），2003 年在云南昆明发现 MED 隐种（原称为 Q 型烟粉虱）。

16. 螺旋粉虱 *Aleurodicus dispersus* Russell

分类地位：半翅目 Hemiptera，粉虱科 Aleyrodidae

英文名称：Spiralling whitefly，Keys whitefly

其他中文名：无

番石榴叶背的雌（右上）雄（左下）螺旋粉虱成虫（虞国跃 摄）

在叶背群集的螺旋粉虱成虫（虞国跃 摄）

番石榴叶背的螺旋粉虱若虫（伪蛹）（虞国跃 摄）

螺旋粉虱成虫在印度紫檀叶背产卵时用蜡粉形成的典型的螺旋圈（虞国跃 摄）

形态特征： 成虫体长约 2mm，初羽化时为黄色半透明，成熟时不透明。头部呈三角形，刺吸式口器。触角丝状共 7 节，第 2 节上具长刚毛 2 根，第 3、第 5 和第 7 节上具瘤状突感觉器。前翅略大于后翅，翅脉较其他粉虱类复杂。腹部共 8 节，雌性第 2~5 节腹面各具蜡板 1 对，共 4 对；雄性则第 2~4 节腹面各具蜡板 1 对，共 3 对，腹末具铗状抱握器。卵椭圆形，表面光滑，呈螺旋状或不规则形排列，上覆白色蜡粉；初产时为淡黄色，后为黄褐色，呈半透明状。若虫 1 龄体长 0.27mm，体扁平，黄色透明，前端两侧具红色眼点；2 龄体长 0.47mm，体椭圆稍薄，黄绿色，眼点转为褐色，体背、体侧及边缘有白蜡带、蜡丝等；3 龄体长 0.66mm，体与 2 龄相似，但稍大，且分泌蜡物较茂密。伪蛹呈盾状，黄绿色；体背有 5 对复合孔：前胸 1 对，第 3~6 腹节各 1 对；伪蛹体四周蜡丝呈絮状，近两侧 5 对细长，晶莹透亮，体上常有粗大扭曲且很长的蜡丝，并缠绕在一起。

寄主及危害：已知寄生植物达 109 科 740 多种，我国记录 81 科 284 种，包括蔬菜、果树、观赏植物、行道树及森林树木等。吸食植物汁液，使植物枯萎。若虫分泌大量蜡粉，叶片背面布满粉虱的蜡丝及虫体，蜡粉随风扩散在空中，污染环境。引起煤污病，影响植物光合作用。

生物学特性：产卵时把蜡粉布置成螺旋状，这是该粉虱最主要的行为特征。雄虫较雌虫早羽化，羽化盛期在早上 6~8 点，但气温低或阴天会有所延后。

中国分布：台湾、海南、福建。

其他地区分布：原产于热带美洲，已分布在欧洲、亚洲、非洲、北美洲、中美洲和加勒比海地区、南美洲、大洋洲的 40 多个国家和地区。

入侵中国的最早记录：1988 年首次在台湾发现，2006 年海南陵水发现有分布。

鸡蛋花上的危害状（虞国跃 摄）

螺旋粉虱危害状（海南考察组 提供）

螺旋粉虱重要寄生蜂——哥德恩蚜小蜂 *Encarsia guadeloupae*（虞国跃 摄）

被哥德恩蚜小蜂寄生的螺旋粉虱伪蛹（虞国跃 摄）

番石榴叶背捕食螺旋粉虱的黑缘方头甲 *Cybocephalus gibbulus*（虞国跃 摄）

17. 温室白粉虱 *Trialeurodes vaporariorum* Westwood

分类地位：半翅目 Hemiptera，粉虱科 Aleyrodidae
英文名称：Greenhouse whitefly，Glasshouse whitefly
其他中文名：温室粉虱

番茄叶片上的温室白粉虱成虫（张毅波和张桂芬　提供）

温室白粉虱 3 龄若虫、伪蛹、伪蛹壳（白色）和刚羽化尚未完全展翅的成虫（黄色）（张毅波和张桂芬　提供）

羽化完的温室白粉虱蛹壳（张毅波和张桂芬　提供）

形态特征：成虫体长 1.0~1.5mm，淡黄色。翅面覆盖白蜡粉，停息时双翅在体上合成屋脊状较平坦，翅端半圆状遮住整个腹部，翅脉简单，沿翅外缘有 1 排小颗粒。卵长约 0.2mm，长椭圆形，基部有卵柄，淡绿色变褐色，覆有蜡粉。若虫体长 0.3~0.5mm，长椭圆形，淡绿色或黄绿色，足和触角退化，紧贴在叶片上。

寄主及危害：为世界性的温室害虫。寄主范围广，包括 47 科 900 余种植物。通过多种方式危害：成虫、若虫及伪蛹前期刺吸植物汁液，造成叶片褪色、萎蔫、枯死；传播寄主植物病毒病，如番茄 TYLCV 病毒病；分泌大量蜜露污染叶面和果实，引起煤污病，影响光合作用；刺吸寄主汁液时分泌的唾液对植物有毒害作用，可削弱植物生长并使之过早衰弱。

生物学特性：成虫不善飞，群集在叶背面，有趋黄性和趋嫩性。成虫常选嫩叶背面产卵，卵呈圆形或不规则分布。随着植株生长，产卵位置升高。每雌平均产卵 100 多粒，多者 400~500 粒。在温室内一般 1 个月发生 1 代，无滞育和休眠现象。

中国分布：东北、华北、华东和西北等地区普遍发生。

其他地区分布：美洲、欧洲、非洲、亚洲、大洋洲的很多国家和地区均有分布。

入侵中国的最早记录：1948 年在北京地区采集到温室白粉虱标本。

18. 甘蓝粉虱 *Aleyrodes proletella* (L.)

分类地位：半翅目 Hemiptera，粉虱科 Aleyrodidae

英文名称：Cabbage whitefly

其他中文名：芸薹粉虱，欧洲甘蓝粉虱

甘蓝粉虱成虫（张桂芬 摄）

甘蓝粉虱卵（张桂芬 摄）

甘蓝粉虱 3~4 龄若虫（张桂芬 摄）

甘蓝粉虱伪蛹（张桂芬 摄）

形态特征：成虫体型微小，体长 1.5mm，头胸部颜色较深，腹部黄色覆有明显的白色蜡粉；前翅具有 2~3 个模糊的暗色斑纹或合并为一暗色条形斑纹。卵长椭圆形，直立产于叶片背面，卵粒呈半圆形排列；初产时蜡白色、半透明，之后变为暗褐色。若虫扁

叶片上甘蓝粉虱发生状（张桂芬　摄）

甘蓝粉虱田间危害状（张桂芬　摄）

片状，覆有蜡状物，体白色，腹部具有2个黄色斑点；腹部最后一节背面的皿状孔为该类群的主要识别特征。伪蛹扁片状，较厚，固定生活，体蜡白色，具有2个红色眼点。

寄主及危害：喜食十字花科和菊科植物，主要寄主有甘蓝、球芽甘蓝、花椰菜、西兰花、羽衣甘蓝等。成虫和若虫均可产生危害，不仅刺吸植物汁液，导致寄主叶片黄化、提前落叶、落花甚至落果，而且分泌的蜜露能诱发煤污病，影响植物的光合作用，严重影响作物产量、品质和花卉植物的观赏价值。

生物学特性：适应性极强，能适应不同气候带的环境条件。一年发生4~5代，夏季完成一代约需30天。成虫遇惊扰时立即起飞。以成虫在芸薹属植物的叶片背面越冬。

中国分布：北京、新疆、台湾。

其他地区分布：分布于欧洲和非洲的多个国家和地区，以及伊拉克、印度、澳大利亚、新西兰、巴西、美国、百慕大群岛等。

入侵中国的最早记录：中国大陆于2012年7月在北京朝阳首次发现。

19. 小巢粉虱 *Paraleyrodes minei* Iaccarino

分类地位：半翅目 Hemiptera，粉虱科 Aleyrodidae

英文名称：Nesting whitefly

其他中文名：无

形态特征：成虫体长1.0~1.1mm（头至腹末端），或1.3~1.4mm（达翅端）；体淡黄色，复眼红色；体和翅表面具蜡粉，前翅无明显的褐斑；雄虫末端具1对较长的夹状抱握器，阳茎位于其中，阳茎端半部向上弯曲，端部具3个齿突，其中2个位于背面、向上，另1个位于腹面、向下，后1个齿突内侧中基部具1对长尖齿，长度可达着生齿突的2倍长。4龄若虫虫体两侧各有5根玻璃丝状蜡丝（前胸的1个复合孔，腹部的4个复合孔），在腹部4根玻璃丝状蜡线的上方尚有2个更细的蜡丝（腹部第3、第4节较小的复合孔所分泌），有时呈玻璃丝状，有时略带絮状。随着时间的推移，四周堆积的蜡丝越来越

番荔枝上的危害状（虞国跃　摄）

番石榴叶背的成虫（上雌下雄）和卵（虞国跃　摄）

番荔枝叶背的卵（虞国跃　摄）

4 龄若虫（示复合孔分泌的蜡丝；虞国跃　摄）

多，近似鸟巢形。

寄主及危害： 香港和海南合计的寄主植物已达 16 科 20 种（中国芒、番石榴、草豆蔻、银柴、土沉香、柚子、柑橘、假鹰爪、番荔枝、显脉杜英、一点红、笔管榕、罗浮买麻藤、大头茶、木荷、毛冬青、浙江润楠、鹅掌柴等），在番荔枝上的发生量较大。若虫在叶背取食，吸取植物营养，并分泌蜡丝和蜜露，可致煤污病。

生物学特性： 在美国加利福尼亚州南部柑橘树叶上一年发生 4 代，可周年发生，从卵发育至成虫夏季约需 20 天，冬季需 60 天。在以色列一年最多可发生 10 代。成虫和若虫多出现在成熟叶片上。

中国分布： 香港、海南。

其他地区分布： 原产地为南美洲，分布于伯利兹、危地马拉、墨西哥、波多黎各、百慕大群岛、海地、洪都拉斯、多米尼加、哥伦比亚、美国（包括夏威夷）、意大利、希腊、西班牙、葡萄牙、黎巴嫩、叙利亚、伊朗、以色列、新加坡、马来西亚、土耳其、摩洛哥、贝宁、加纳等地。

入侵中国的最早记录： 最先于 2003 年在香港发现，2013 年在海南屯昌发现。

20. 双钩巢粉虱 *Paraleyrodes pseudonaranjae* Martin

分类地位：半翅目 Hemiptera，粉虱科 Aleyrodidae

英文名称：无

其他中文名：无

柑橘叶片上的双钩巢粉虱成虫（虞国跃　摄）

椰子叶背正在产卵的双钩巢粉虱雌成虫（虞国跃　摄）

椰子叶背的双钩巢粉虱若虫（虞国跃　摄）

椰子叶上双钩巢粉虱危害状（虞国跃　摄）

形态特征：雌虫体长 0.96~1.11mm，雄虫个体稍小，但如果以体长从头顶至抱握器末端计，雄虫略比雌虫为长。体黄色，染有红色，触角较为明显，有时前足也染红色。前翅共有 6 个褐斑，有时翅上的褐纹不明显，刚羽化的成虫半透明，不见褐纹。雌成虫触角 4 节，即鞭节分为 2 节；雄成虫触角 3 节，鞭节为一整体。雄性的触角明显比雌性的粗、长，但触角的第 2 节雌性明显长于雄性。雌成虫腹末尖，而雄成虫末端具 1 对较长的铗状抱握器，约为体长的 1/6。老龄若虫从体背的 5 对大复合孔分泌出玻璃状蜡丝，蜡丝断裂后留在体的四周；随着时间的推移，四周堆积的蜡丝越来越多，近似鸟巢形，腹近中部尚有 2 对较小复合孔，分泌的蜡丝呈丝状，但不呈玻璃丝状。

寄主及危害： 已记录的寄主植物有 21 科 40 种，常见的有椰子、番石榴、九节、重阳木、印度紫檀、槟榔、黄槿、番荔枝、刺果番荔枝、四季橘、柑橘、甜橙等。若虫在叶背取食，吸取植物营养，并分泌蜡丝和蜜露，招致煤污病。

生物学特性： 卵主要产于叶背。在广西南宁局部果园，柑、橙类均可周年发生该虫；在海南，一年可发生 16~17 代，世代重叠明显，常与螺旋粉虱、黑刺粉虱等一起发生。

中国分布： 香港、广东、广西、海南、云南。

其他地区分布： 原产于南美洲，仍未知确切的原产地；波多黎各，美国佛罗里达、夏威夷，百慕大群岛有分布。

入侵中国的最早记录： 1996 年最先在香港发现，2006 年在海南三亚、文昌发现。

21. 梣粉虱 *Siphoninus phillyreae* (Haliday)

分类地位： 半翅目 Hemiptera，粉虱科 Aleyrodidae

英文名称： Ash whitefly

其他中文名： 无

形态特征： 成虫体长 0.8~1.1mm，含翅长约 1.4mm，雌性成虫一般稍大于雄性成虫；体黄色，翅纯白色，腹部末端（含生殖器）呈灰色；皿状孔几乎呈圆形，被盖瓣横向覆盖；舌状突极度上弯且前端变窄，侧面呈“S”形。卵长椭圆形，长径 0.22~0.24mm，短径 0.08mm，初产时乳白色，逐渐变为淡灰色，覆有 1 层薄蜡粉，具 1 根短的卵柄指向前方。若虫共 4 个龄期。1 龄若虫体扁平，长椭圆形，体长约 0.25mm，宽约 0.15mm，颜色微黄几乎透明；触角和足发达，触角贴覆于头胸部腹面，体背无分泌蜡质物的背管（蜡腺管）。2 龄若虫体色和形状与 1 龄相似，体长 0.36~0.41mm，体宽 0.23~0.27mm；触角和足明显退化，体背具 4 对短的蜡腺管，其中 1 对位于头部近复眼处，3 对位于体中后部。3 龄若虫体微黄，椭圆形，长 0.52~0.61mm，宽 0.35~0.44mm，体边缘具有细小的圆形齿状突起，触角和足更加退化。4 龄若虫体淡黄白色，中间具一纵向棕色条纹，椭圆形，体长 0.8~1.1mm，宽 0.5~0.8mm，体边缘一般光滑，偶见少量皱缩的气管毛孔；头部、第 1 和第 8 腹节背面各有 1 对刚毛。

伪蛹（4 龄若虫后期不再取食的阶段）背部具有发达的虹吸背管，数量 55~100 根不等，长 0.06~0.10mm；背管排成 3 列，第 1 列 14~19 对，位于次侧列；第 2 列位于次背侧列，14 对成单独 1 列，或 23~26 对成单独 2 排；第 3 列 5~6 对，位于中间且第 2 腹节有 1 单管。背管的顶端呈杯状，无明显分裂。皿状孔的后端呈圆形，宽稍大于长；其内部表面的后半部具有网状纹。盖瓣覆盖皿状孔不足一半，呈舌状且末端尖，不具有长端刺。触角和足退化，体后缘呈梳状，背管分泌滴状蜜露，酷似玻璃棒珠。伪蛹背部中央区域的白色蜡质分泌物呈丛状，覆盖虫体中央区域。伪蛹期是识别梣粉虱的重要时期。

寄主及危害：寄主植物有 11 科 28 属 60 余种（或变种），包括夹竹桃科、紫薇科、豆科、木兰科、木犀科、石榴科、鼠李科、蔷薇科、芸香科、千屈菜科和茜草科，尤其嗜好木犀科和蔷薇科植物，如梣树、苹果树、梨树，及其他众多果树和园林植物。成虫和若虫均可危害，多在叶背刺吸寄主植物汁液，使叶片变黄，提早脱落，果实变小，造成减产；同时，分泌的蜜露诱发煤污病发生，严重影响果实品质和园林植物的观赏价值。此外，当虫口密度较大时，其分泌物滴落到行人身上，引起恐慌或厌烦，或滴落到路面或车辆表面，难以清理，严重影响市容市貌及城镇景观。

生物学特性：在美国一年发生 2 代以上，世代重叠。雌成虫寿命通常为 30~60 天，雄成虫平均寿命为 9 天。在 25℃下，平均产卵 141 粒。卵聚产于叶片背面，平铺于叶片表面，呈环形或半环形排列。若虫期仅 1 龄可以活动，但活动能力较差，活动范围通常不超过 1cm，2~4 龄营固着生活。耐寒力较强，能够忍受 –7~ –1℃的低温。

中国分布：台湾、上海、江苏。

其他地区分布：梣粉虱原产于欧洲、地中海地区及非洲北部，之后逐渐扩张至东欧、中亚和西亚地区，目前已分布于非洲东北部、中西部、南部，欧洲大部，北美洲南部，南美洲西部和北部，亚洲西部、中部、南部和东部的 58 个国家和地区。

入侵中国的最早记录：2002 年在台湾台北发现，2010 年 9 月在上海闵行区发现。

梣粉虱（张桂芬　摄）

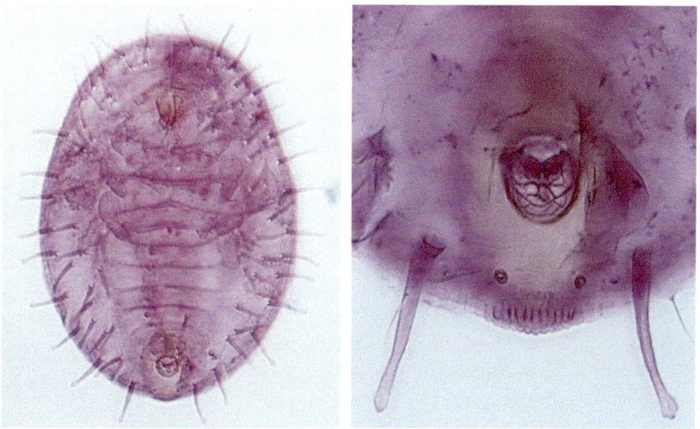

梣粉虱伪蛹（引自 Stocks and Hodges，2010）

梣粉虱危害状（张桂芬　摄）

22. 埃及吹绵蚧 *Icerya aegyptiaca* (Douglas)

分类地位：半翅目 Hemiptera，绵蚧科 Monophlebidae

英文名称：Egyptian cottony cushion scale，Breadfruit mealybug

其他中文名：无

埃及吹绵蚧成虫
（虞国跃　摄）

番石榴叶背的埃及吹绵蚧（上）和银毛吹绵蚧 *Icerya seychellarum* (Westwood)（下）（虞国跃　摄）

番石榴叶背的埃及吹绵蚧若虫
（虞国跃　摄）

榕树上群集的埃及吹绵蚧及其捕食性天敌——小红瓢虫 *Rodolia pumila* 幼虫（虞国跃　摄）

埃及吹绵蚧为害荷花木兰
（齐国君 摄）

形态特征：雌成虫体长 2.8~5.3mm，宽 2.0~3.7mm；卵圆形，橙红色；腹面平坦，背面稍隆起；足及触角黑色，触角 10~11 节，端节明显长；体背覆有白色蜡质分泌物，体四周具长蜡条，头胸部各 2 对，较粗短；腹部 6~8 对，略细长；腹部尾端附有白色絮状物构成的卵囊。初龄若虫淡黄色，足褐色；触角 6 节，端节明显长，具 2 根远长于端节的细毛；腹部尾端内凹，两侧各具 3 根长毛；2 龄若虫体背具絮状蜡丝。

寄主及危害：寄主植物有血桐、榕、番石榴、变叶木、刺果番荔枝、波罗蜜、桑、重阳木、芒果和朴属等。雌成虫和若虫群聚在寄主植物的嫩叶、嫩梢或嫩枝上，尤其在叶背主脉两侧和枝干的缝隙处，吸取植物汁液危害，并营囊产卵。树木受害部位初期呈黄绿色，后期叶片逐渐枯萎、脱落，树势衰弱，甚至全株枯死。若虫和成虫排泄的蜜露常诱致寄主植物发生煤污病，使叶、枝变黑，直接影响光合作用和欣赏价值。

生物学特性：在广州一年 3~4 代，以各种虫态越冬，世代重叠较明显，4 月下旬至 11 月中旬发生数量最大。初孵若虫即能爬行危害，1 龄若虫多聚集于叶片背面，2 龄开始迁移到其他叶片危害，并可在大枝及主干上自由爬行。既可雌雄异体受精，又可孤雌生殖。雌成虫为雌雄同体，每雌卵囊内有卵 200 粒以上，最多达 400 粒。产卵期长，雌虫寿命约 60 天。

中国分布：广东、香港、福建、浙江、江苏、江西、湖南、云南、广西、海南、台湾。

其他地区分布：分布于非洲、亚洲和大洋洲的 30 多个国家和地区。

入侵中国的最早记录：1908 年在台北淡水发现，大陆不详。

23. 吹绵蚧 *Icerya purchasi* Maskell

分类地位：半翅目 Hemiptera，绵蚧科 Monophlebidae

英文名称：Cottony cushion scale

其他中文名：吹绵介壳虫，棉团蚧，白条蚧

海桐叶背已具卵囊的吹绵蚧雌成虫（虞国跃 摄）

海桐叶背的吹绵蚧 1 龄、2 龄若虫（虞国跃 摄）

形态特征：雌虫（实为雌雄同体）体长 4~7mm；体椭圆形，无翅；腹面扁平，背面隆起，被有白色而微带黄色蜡粉及絮状纤维。产卵后，腹末有白色卵囊，随产卵进程而增大，卵囊表面具 15 条隆脊。雄虫橘红色，腹部末端具 2 个肉质突出物，其上各生 3 根长刚毛；具翅，触角 10 节，具轮生刚毛。

寄主及危害：寄主植物包括柑橘、木麻黄、茶、金合欢、海桐、台湾相思、桃金娘、柿等约 200 种，是重要的果树和林业害虫，以成虫和若虫寄生于小枝和叶片上吸食汁液。发生量大时，叶色发黄，造成落叶和枝梢枯萎，甚至使枝条、植株死亡；其排泄物可引起煤污病。

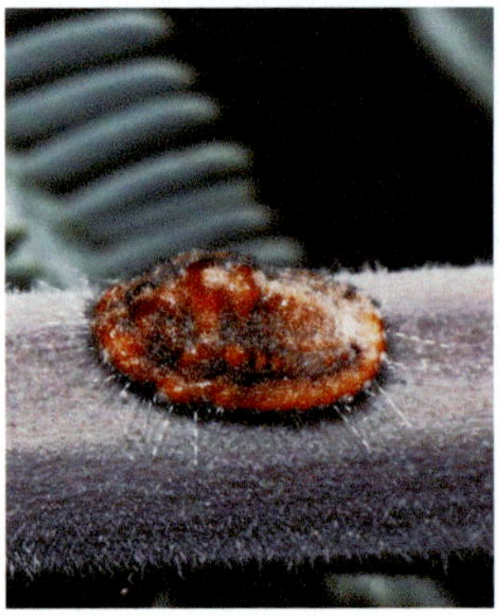

羽叶金合欢小枝上尚未产卵的吹绵蚧雌成虫（虞国跃 摄）

山麻杆上的吹绵蚧卵（虞国跃 摄）

桃金娘小枝上的吹绵蚧和天敌澳洲瓢虫 *Rodolia cardinalis* 幼虫（虞国跃 摄）

生物学特性： 一年发生2~4代，随地区不同而异。各虫态均可越冬。雄虫少见，“雌蚧”为雌雄同体，可以自体受精，所产生的后代仍为雌雄同体。

中国分布： 大致分布于淮河以南地区；北方地区温室内可发生。

其他地区分布： 原产于澳大利亚，广泛传播到大部分热带和亚热带地区及部分温带地区。

入侵中国的最早记录： 1902年传入台湾，大陆不详。

24. 日本松干蚧 *Matsucoccus matsumurae* (Kuwana)

分类地位： 半翅目 Hemiptera，珠蚧科 Margarodidae

英文名称： Pine bast scale，Japanese pine bast scale

其他中文名： 松干蚧，松干介壳虫

形态特征： 雌虫体长2.5~3.3mm，卵圆形。体壁柔韧，体节不明显，橙褐色或橙红色。头端较窄，后部肥大。触角9节，基部2节粗大，其余各节为念珠状。胸足转节呈三角形，上具1根长刚毛；腿节粗；胫节略弯，长于跗节；跗节2节，端部有爪，爪基具冠球毛1对。胸气门2对，较大，腹气门7对，较小。腹部第2~7节背面有横排列的圆形疤，全体背腹两面均分布双孔管腺。生殖孔在腹部末端的凹陷内。雄虫体长1.3~1.5mm。头、胸部黑褐色，腹部淡褐色；触角丝状，10节，基部2节粗短，其余各节细长，具许多刚毛。复眼大而突出，紫褐色。胸部膨大。足细长。前翅发达，膜质半透明；翅面有明显的羽状纹。后翅退化为平衡棒，端部有3~7根丝状钩刺。腹部9节，第7节背面有一马蹄形的硬片，其上生有柱状管腺10~18根，分泌白色长蜡丝。卵长约0.24mm，椭圆形；初产时浅黄色或橙黄色，后为暗黄色或橙黄色。卵被包于白色的椭圆形卵囊中。初孵若虫体长约0.3mm，长椭圆形，橙黄色，触角6节，基节粗大，第3节最短。口器发达，喙圆锥状，寄生前口针卷缩于腹内。胸足腿节粗大，胫节较细；跗节短小；爪强壮。胸

带卵囊的日本松干蚧雌成虫（徐志宏　摄）

日本松干蚧雌虫的珠形期（杨红珍、李竹　摄）

日本松干蚧雄成虫（杨红珍、李竹　摄）

日本松干蚧卵囊（杨红珍、李竹　摄）

日本松干蚧卵囊及卵（杨红珍、李竹　摄）

日本松干蚧对松树危害状（徐志宏　摄）

气门 2 对，腹气门 7 对。腹末有长短尾毛各 1 对。1 龄寄生若虫，长约 0.42mm，梨形或心脏形，橙黄色。虫体背面两侧有成对的白色蜡条，腹面有触角和足等附肢。2 龄无肢若虫，口器特别发达，无触角和足。虫体周围有白色长蜡丝。雌雄分化显著。2 龄无肢雌若虫较大，圆珠形或扁圆形，橙褐色；2 龄无肢雄若虫较小，椭圆形，褐色或黑褐色。在虫体末端有 1 龄寄生若虫蜕。3 龄雄若虫体长约 1.5mm，橙褐色。触角和胸足发达。外形与雌成虫相似，但腹部狭窄，无背疤，腹末无“八”字形臀裂。雄蛹外被白色茧。茧疏松，长 1.8mm 左右，椭圆形。雄蛹分预蛹和蛹两个时期。预蛹与雄若虫相似，唯胸部背面隆起，形成翅芽；蛹长 1.4~1.5mm，裸蛹，头、胸部淡褐色，附肢和翅灰白色。腹部 9 节，末端生殖器呈圆锥状。

寄主及危害：主要在森林、园林绿化树林及盆景等生境中发生。寄主植物有马尾松、黑松、油松、赤松、黄松等多种松树，为害幼树、苗木和老龄松树。虫口主要集中于枝干阴面，枝干阳面较少。被害枝干软化下垂，被害较久情况下树皮增厚、硬化、卷曲、翘裂，且易被其他病虫害（松干枯病、小蠹虫、象鼻虫、天牛、吉丁虫及白蚁等）侵袭，严重时大片松林枯死。

生物学特性：一年 2 代，以 1 龄若虫越冬（或越夏）。初孵若虫较活跃，喜沿树干向上爬行，1~2 天后即潜于树皮缝隙、翘裂皮下和叶腋等处，开始固定寄生（“隐蔽期”）。1 龄若虫脱皮后，分泌蜡丝，虫体迅速增大，显露于皮缝外，故虫体较易识别（“显露期”是危害松树最严重的时期）。2 龄若虫脱皮后，喜沿树干向下爬行，于树皮裂缝、球果鳞片、树干根际及地面杂草、石块等隐蔽处，分泌蜡质絮状物，作白色椭圆形小茧化蛹。雌虫交尾后，即爬行到树干枝丫下、树皮裂缝及球果鳞片等隐蔽处，产卵于卵囊中。每雌平均产卵 223~268 粒。

中国分布：江苏、浙江、上海、安徽、山东、河北、吉林、辽宁。

其他地区分布：日本、朝鲜。

入侵中国的最早记录：1942 年发现于辽宁大连。

25. 扶桑绵粉蚧 *Phenacoccus solenopsis* Tinsley

分类地位：半翅目 Hemiptera，粉蚧科 Pseudococcidae

英文名称：Solenopsis mealybug

其他中文名：棉花粉蚧

形态特征：雌成虫体长约 4mm，卵圆形，浅黄色。单眼突出、发达，位于触角后体缘。足红色，发达，腿节和胫节上有许多粗刺，爪下具小齿。腹脐黑色，被有薄蜡粉，在胸部可见 0~2 对，腹部可见 3 对黑色斑点。体缘有蜡突，均短粗，腹部末端 4~5 对较长。除去蜡粉后，在前、中胸背面亚中区可见 2 条黑斑，腹部 1~4 节背面亚中区有 2 条黑斑。雄成虫体微小，红褐色，长 1.4~1.5mm。触角 10 节，长约为体长的 2/3。足细长，发达。腹部末端具 2 对白色长蜡丝。前翅正常发达，平衡棒顶端有 1 钩状毛。雌蚧若虫 3 龄，无蛹期，2~3 龄若虫在其体背亦可见成对的黑斑。雄虫只有 1~2 龄若虫和蛹期。

寄主及危害：寄主植物 200 余种，包括棉花、扶桑、灰毛滨藜、向日葵、南瓜、大戟、豚草、番茄、人参果、曼陀萝、马缨丹、蜀葵、银胶菊、马利筋、黄花稔、酸浆等

扶桑绵粉蚧雌成虫及其体下的小若虫（左：齐国君　摄；右：虞国跃　摄）

扶桑上的扶桑绵粉蚧（齐国君　摄）

小驳骨叶片上不同龄期的扶桑绵粉蚧（虞国跃　摄）

小驳骨叶片上的扶桑绵粉蚧雄成虫（虞国跃　摄）

室内棉花上饲养的扶桑绵粉蚧雄蛹（虞国跃　摄）

扶桑上正在捕食扶桑绵粉蚧若虫的六斑月瓢虫 *Menochilus sexmaculata* 幼虫（虞国跃　摄）

蔬菜、经济作物、观赏植物及杂草。主要以雌成虫和若虫吸食寄主植物幼嫩部位的汁液危害，包括嫩枝、叶片、花芽和叶柄，发生量大时也可为害老枝和主茎。受害植株生长势衰弱，生长缓慢或停止，失水干枯，亦可造成花蕾、花、幼铃脱落；分泌的蜜露能诱发煤污病，可导致叶片脱落，严重时可造成植株成片死亡。

生物学特性：一年发生 12~15 代，世代重叠明显。在亚热带、温带地区，以卵或其他虫态在植物上或土壤中越冬，热带地区终年繁殖。单雌平均产卵 400~500 粒。1 龄若虫行动活泼，从卵囊爬出后短时间内即可取食危害。

扶桑绵粉蚧重要寄生蜂——班氏跳小蜂 *Aenasius bambawalei*（齐国君 摄）

被寄生的扶桑绵粉蚧后期粉状物脱落，变成深褐色的僵蚧外壳（齐国君 摄）

中国分布：河北、湖南、湖北、江西、江苏、安徽、浙江、福建、广东、广西、云南、四川、重庆、上海、河北、天津、海南、新疆、台湾。

其他地区分布：墨西哥、美国、古巴、牙买加、危地马拉、多米尼加、厄瓜多尔、巴拿马、巴西、智利、阿根廷、尼日利亚、贝宁、喀麦隆、新喀里多尼亚、巴基斯坦、印度、越南、菲律宾、柬埔寨、老挝、泰国、日本。

入侵中国的最早记录：2008 年 8 月首次在广东广州发现。

26. 美地绵粉蚧 *Phenacoccus madeirensis* Green

分类地位：半翅目 Hemiptera，粉蚧科 Pseudococcidae

英文名称：Madeira mealybug

其他中文名：美地绵粉介壳虫

形态特征：雌成虫活虫体常带有嫩绿色。在玻片上虫体长 3.0mm，宽 1.8mm 左右。触角 9 节。足发达，爪有齿。后足胫节有少量透明孔。腹脐横椭圆形，通常两侧细长延伸。刺孔群 18 对，除末对有 3 根锥刺、眼对（C3）具有 3~4 根刺外，其他对均具有 2 根锥刺。多格腺在腹部第 4~7 节背面成行或带，缘区或亚缘区可向前延伸至第 1 腹节；有时在胸部缘区有个别，但胸部中区和亚中区通常无。多格腺在腹面分布在腹部体节上，成行或带。五格腺仅在腹面。管状腺 3 种大小：大管腺直径大于三格腺，在腹部背面各节成稀疏行，及腹部腹面缘区；小管腺在腹部腹面成行或带；中管腺分布在胸部中区。背刚毛短、锥状，许多刺基附近有 1 或 2 个三格腺；在头、胸部背中区和亚中区的一些刚毛成对，基部有少量三格腺，形成背刺孔群。

寄主及危害：寄主植物共有 52 科 160 余种，包括多种观赏植物、果树、蔬菜、粮食作物、经济作物及杂草。可在树干、枝条、叶片和果实上危害，造成叶片畸形、生长受阻，并招致煤污病。

生物学特性：在意大利西西里岛每年发生5~6代，以卵或雌成虫越冬，世代重叠。单雌平均产卵约600粒，产于包裹虫体全身的卵囊内。卵囊多位于叶片中脉附近。喜在叶片背面、嫩枝和芽上取食。

中国分布：海南、台湾、广东、福建。

其他地区分布：分布于亚洲、欧洲、非洲、中美洲、南美洲的60多个国家和地区。

入侵中国的最早记录：2006年首次记录于台湾。2009年在海南三亚发现。

美地绵粉蚧成虫（左雌右雄；齐国君 摄）

美地绵粉蚧为害木薯茎秆状（左：卢芙萍 摄；右：齐国君 摄）

美地绵粉蚧为害木薯叶片状（卢芙萍 摄）

美地绵粉蚧为害木薯叶片后诱发煤污病症状（卢芙萍 摄）

27. 南洋臀纹粉蚧 *Planococcus lilacinus* Cockerell

分类地位：半翅目 Hemiptera，粉蚧科 Pseudococcidae
英文名称：Coffee mealybug，Oriental cacao mealybug
其他中文名：紫粉蚧，紫臀纹粉蚧，南洋刺粉蚧

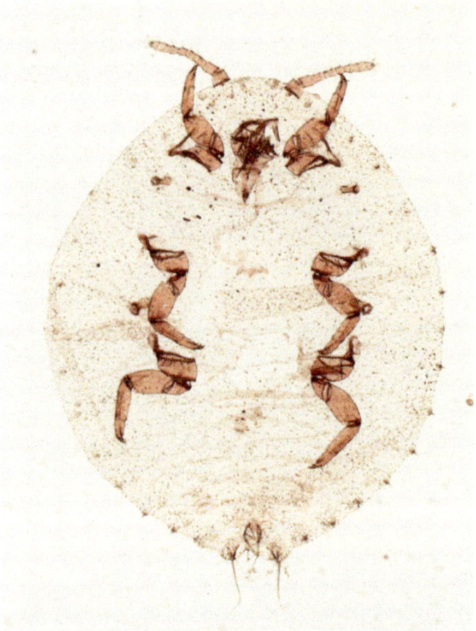

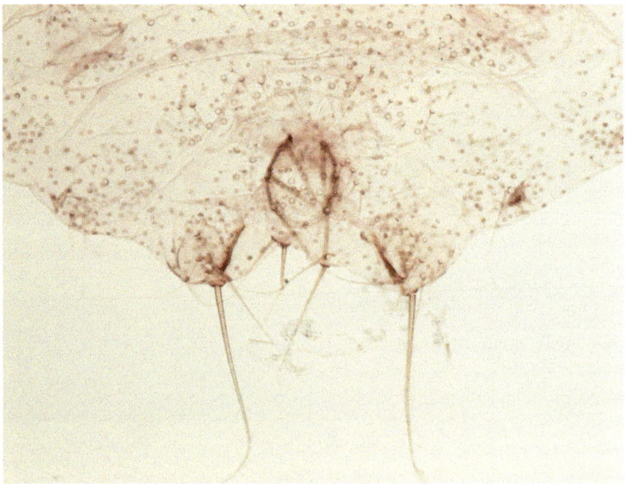

南洋臀纹粉蚧雌成虫标本
（左图示整个虫体，右图示腹末，均为腹面；顾渝娟　提供）

宫粉紫荆上的南洋臀纹粉蚧
（马骏　提供）

紫荆植株基部的南洋臀纹粉蚧
（马骏　提供）

紫薇主干上的南洋臀纹粉蚧
（马骏　提供）

形态特征：雌成虫体长1.3~2.5mm，宽0.8~1.8mm，宽卵形，活虫体多呈紫红色或紫褐色，外被白色蜡粉状分泌物。初羽化雌成虫头胸部具有3对椭圆形的白粉斑，具有由36个白色蜡块互相靠近组成的蜡块体缘；成熟雌成虫头胸部除了3对白粉斑，靠近体缘一侧又增加2对，蜡块彼此分离或呈短棒状。腹部背面分节较明显。触角8节，基节粗，第2、第3节稍长，第4~7节均较短，第8节较长，且常具有分节痕迹，疑似9节触角。眼在触角的后面。胸足充分发育，基节宽，转节略呈三角形，腿节粗壮，胫节

和跗节较细长，后足基节和胫节有许多透明孔。爪的下表面无小齿。跗冠毛细，其顶端呈球形。胸气门发达，略呈喇叭状，后胸气门为前胸气门的 2 倍。腹裂无。后背裂明显存在。臀瓣明显突出于虫体末端之外，其腹面生有长的臀瓣刺和细毛。肛环具成列孔和 6 根肛环刺。

寄主及危害：寄主植物达 35 科 100 余种，主要包括可可、刺果番荔枝、番石榴、美洲木棉等多种水果和林木。主要为害树枝顶部，引起幼果脱落，花和枝条顶部干死，还可以分泌蜜露而引发煤污病，使叶片和果实发黑，难以清除。幼树被害后生长受阻，成年树被害后果实产量和质量均明显下降。

生物学特性：在爪哇约 40 天发生一个世代。雄虫在叶的背面化蛹。

中国分布：广西、台湾、海南、广东。

其他地区分布：主要分布在亚洲热带地区、大洋洲、非洲等地。

入侵中国的最早记录：不详。

28. 大洋臀纹粉蚧 *Planococcus minor* (Maskell)

分类地位：半翅目 Hemiptera，粉蚧科 Pseudococcidae

英文名称：Passionvine mealybug

其他中文名：无

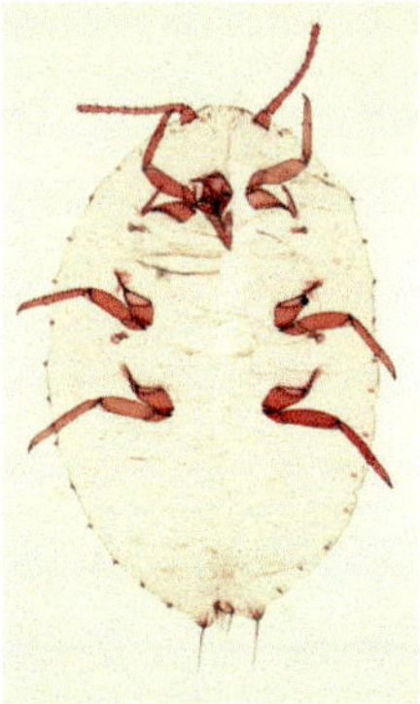

大洋臀纹粉蚧
（腹面；梁帆　提供）

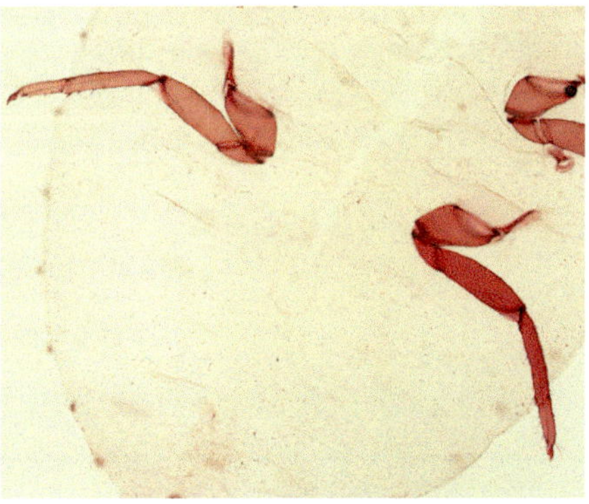

大洋臀纹粉蚧腹部
（腹面，示腹脐；梁帆　提供）

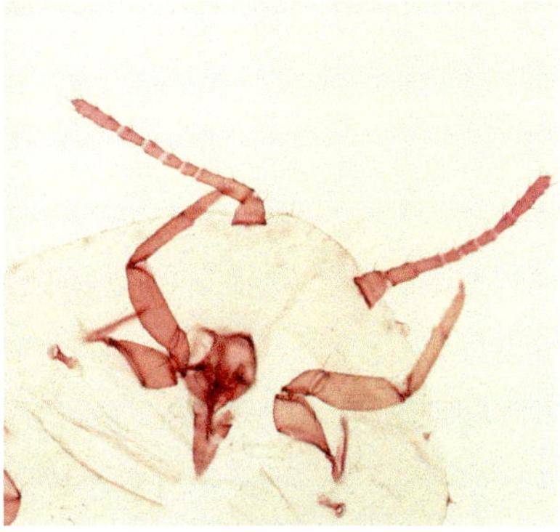

大洋臀纹粉蚧头部
（腹面，示触角形态；梁帆　提供）

形态特征：雌成虫无翅，椭圆形，长约 2.0mm，宽约 1.6mm，体淡杏黄色，体节明显，被白色蜡粉，体侧具 17 对短蜡丝，体末端 1 对蜡丝最长。复眼、触角、胸足均发达可见，口器亦发达，呈长丝针状，位于前胸足之间。触角 8 节，基节粗，第 8 节最长，且常具有分节痕迹。腹脐大，位于第 3、第 4 节腹板间，有侧凹和节间褶横过。

寄主及危害：寄主植物达 60 余科共 250 多种，主要有番石榴、柑橘、香蕉、葡萄、芒果、榴莲、咖啡、可可、大豆、玉米、马铃薯，以及番龙眼、番樱桃等树木或观赏植

大洋臀纹粉蚧雌成虫和若虫（张桂芬　提供）

大洋臀纹粉蚧为害番石榴（张桂芬　提供）

物。成虫和若虫群集于寄主果实底部、果顶及枝叶叶背、叶脉等部位刺吸汁液，其排泄物能诱发煤污病，使植株发育不良，果实品质下降。

生物学特性： 在台湾可全年发生危害，一年发生 8~9 代。常于 11 月至翌年 4 月低温干燥期间猖獗危害，7~9 月高温多雨期种群密度降低。每雌产卵 234~257 粒，产于卵囊中。初孵化若虫暂居于卵囊内，并大量聚集于母体附近，部分分散至靠近枝条、叶片背面或果实上寄生危害。

中国分布： 台湾、海南、广东、广西、云南、新疆。

其他地区分布： 分布于亚洲、大洋洲、非洲、南美洲和北美洲的几十个国家和地区。主要集中在热带地区，部分分布在亚热带地区。

入侵中国的最早记录： 不详。

29. 南美枝粉蚧 *Hypogeococcus pungens* Granara de Willink

分类地位： 半翅目 Hemiptera，粉蚧科 Pseudococcidae

英文名称： Harrisia cactus mealybug

其他中文名： 无

形态特征： 雌成虫覆被白絮，椭圆形至圆形，长约 3mm，胸部最宽，末端宽圆，尾瓣不发达。体侧无蜡丝，不产生卵囊。尾瓣毛长于肛环毛。触角 7 节，长约 0.2mm，基节粗大，端节最长。眼位于触角后之体缘。足相对较小，爪下无齿。后足基节具透明孔，胫节长为跗节长的 1.3 倍。胸气门 2 对，发达。仅后背孔存在。肛环位于背末，发达，具有 3 列环孔和 6 根环毛，其长约为环径的 1.5 倍。腹脐 3 个，较大，位于第 2~5 腹节

仙人掌上的南美枝粉蚧（武三安　摄）

腹板之间，是该粉蚧的重要识别特征。盘腺仅有多格腺，无三格腺和五格腺。多格腺在体背各节、腹面腹部各节前后缘成列或带；在胸、腹部腹面气门附近成群，其他体面散布。管腺在体背与腹部腹面分布于各节中区，位于多格腺列（或带）间；其他体面散布，但缘区较多。刺孔群无，被一群大小不等的粗锥刺代替。锥刺分布于第 4~9 腹节背板及其腹缘；体毛见于体两面，但第 5~9 腹节背板上数量少，第 6~9 腹节腹板的毛长且硬。二龄雌若虫与雌成虫相似，但触角仅 6 节。

寄主及危害： 寄主范围较窄，主要为害仙人掌科的植物，如绀色柱（*Cereus aethiops*）、黄毛山影拳（*C. validus*）、凌云阁（*Cleistocactus baumannii*）、仙人球（*Echinocactus* sp.）、卧龙（*Eriocereus bonplandii*）等；其他寄主有刺花莲子草（*Alternanthera pungens*）、马齿苋属（*Portulaca*）植物等。寄生在寄主的茎秆、叶片和根上，可造成寄主衰弱、枯萎。此粉蚧曾被引种到澳大利亚和南非，用于控制仙人掌科植物。

生物学特性： 常成群出现在茎秆、叶的节部位。营两性生殖或孤雌生殖，单雌平均产卵 80~100 粒，产卵前期约 20 天，产卵期约 35 天，卵胎生，每天产 2~4 头若虫。

中国分布： 北京（室内）。

其他地区分布： 美国、阿根廷、巴西、巴拉圭、秘鲁、意大利、法国、希腊、西班牙、澳大利亚、南非、巴巴多斯、维尔京群岛、瓜德罗普、马提尼克、加勒比海地区。

入侵中国的最早记录： 2006 年在北京温室首次发现。

30. 木瓜粉蚧 *Paracoccus marginatus* Williams & Granara de Willink

分类地位： 半翅目 Hemiptera，粉蚧科 Pseudococcidae

英文名称： Papaya mealybug

其他中文名： 木瓜秀粉蚧

形态特征： 雌成虫体嫩黄色，卵圆形，长约 2.2mm、宽约 1.4mm；体表具有白色粉状蜡质，背部蜡粉厚度不均，不足以掩盖体色，但亦无不连续裸露区；体缘有短蜡丝。

卵囊发达，位于腹面后部。触角 8 节。背面具有 14~17 对刺孔群，其中第 1、第 2、第 4、第 5、第 7、第 9 对具有 2 根锥刺。虫体背面缺多格腺，三格腺分散分布，大多位于刚毛附近。蕈状管通常位于刺孔群附近。背部无领状管。肛环刚毛长平均 0.14mm，约为肛环宽度的 1.4 倍。腹部腹面具有多格腺，通常位于第 6~8 腹节的前端和后端，腹部第 4~5 节则仅限于后端。三格腺集中分布于刚毛基部附近。盘孔不常见，若有则与背面盘孔大小相同。蕈状管位于前胸到第 1 腹节中部外侧，每节侧面 3~6 个。同一大小的领状管明显呈簇状分布于虫体边缘和腹部第 3~8 节中部及中部外侧区域，第 1 腹节通常有 2~3 个。臀叶背面无蕈状管。后足基节有大量透明孔；后足胫节无透明孔。雄虫 1 龄、2 龄黄色，预蛹期和蛹期变为粉色。雄成虫长卵圆形，长约 1.0mm，胸部最宽处约 0.3mm，翅发育完全，盘孔伴生于腹部下端的多格腺周围。

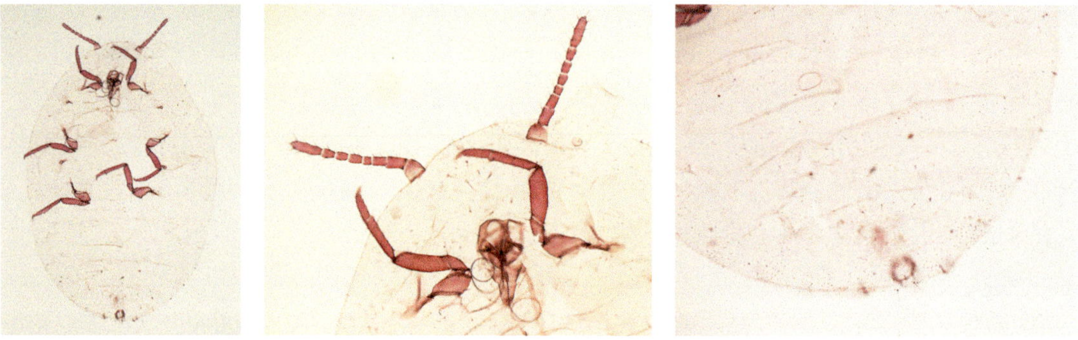

木瓜粉蚧雌成虫玻片标本（左、中、右图分别为整个虫体、头部和腹部，均为腹面；梁帆　提供）

木瓜粉蚧雌成虫（齐国君　摄）

木瓜粉蚧为害木瓜（顾渝娟　提供）

寄主及危害：已知寄主植物有 34 科 55 属。主要在寄主植物茎干、叶背、花和果实等汁液丰富的部位取食，同时向植物体内注射毒素，导致叶片枯萎黄化、植株生长停滞、叶片卷缩变形、落花落果，并产生大量蜜露引发煤污病，最终引起植物死亡。虫口密度大时形成厚的白色蜡质层，导致木瓜果实弱小畸形，失去商品价值。

生物学特性：在温暖干燥的条件下最活跃。雌虫可短距离爬行或随气流移动，产卵期 1~2 周，产卵约 300 粒。若虫孵化后即开始寻找合适的位置取食。雄虫第 4 龄若虫时形成 1 个白色长筒形茧，雄成虫飞行能力差。

木瓜粉蚧为害木瓜（齐国君　摄）

木瓜粉蚧为害木薯（齐国君　摄）

麻风树上的木瓜粉蚧（马骏　提供）

琴叶珊瑚上的木瓜粉蚧（马骏　提供）

木瓜粉蚧为害垂花悬铃花（齐国君　摄）

木瓜粉蚧为害垂花悬铃花（齐国君　摄）

中国分布：海南、广东、广西、云南、台湾。

其他地区分布：原产于中美洲的墨西哥、伯利兹、危地马拉和哥斯达黎加等国，1994年扩散到加勒比海地区的14个国家，目前分布于全球五大洲40多个国家和地区。

入侵中国的最早记录：2011年被报道在台湾发生危害，2013年在云南西双版纳发现。

31. 新菠萝灰粉蚧 *Dysmicoccus neobrevipes* Beardsley

分类地位：半翅目 Hemiptera，粉蚧科 Pseudococcidae

英文名称：Gray pineapple mealybug

其他中文名：无

新菠萝灰粉蚧成虫及其产下的若虫（虞国跃　摄）

群集的新菠萝灰粉蚧（虞国跃　摄）

新菠萝灰粉蚧多寄生于剑麻叶基部（虞国跃　摄）

新菠萝灰粉蚧寄生于剑麻分泌的蜜露引起的煤污病（虞国跃　摄）

形态特征： 雌成虫体长2.0~4.5mm，椭圆形，淡红色，体外被白色蜡质分泌物，虫体周缘有17对蜡丝。触角8节，细索状，每节均有数根细毛，第8节明显多于其他节；第1节粗短，第4节最短，近念珠状。前、中足下方各有1对喇叭状气门。尾端有2根显著伸长的臀瓣刺。若虫共3龄，低龄若虫呈长椭圆形，为淡黄色。1龄体长约

0.5mm，背部无白色蜡质物；2 龄体长达 1.1~1.3mm，体色由黄褐色渐变为灰色，此时体表逐渐被均匀的蜡粉覆盖；3 龄若虫体长约 2.0mm，呈灰色，体表被有蜡质物。雄虫体较细长，长约 1.0mm，褐色，触角 10 节；有 1 对具金属光泽的翅；有 2 条明显的翅脉，近翅脉处银白色，其余部位金黄色。尾部有 2 根长蜡丝。

寄主及危害：寄主有剑麻、菠萝、南瓜、番茄、香蕉、可可等30多种重要农林经济作物，我国以剑麻为主。有聚集为害习性，常聚集在剑麻的根、茎及叶片部位，嫩叶被害后呈现褪绿黄斑和紫色卷叶，且常并发心叶（叶轴）腐烂，影响植株光合作用，致使叶片变黄，严重时导致寄主根部塌陷，甚至死亡。分泌的蜜露可导致煤污病暴发。对剑麻的生长发育影响较大，直接影响纤维的产量和质量。

生物学特性：营两性生殖，胎生，世代重叠明显，27~34 天为一世代。低龄若虫较活跃，聚集性差；3 龄开始聚集，爬行速度变慢。雌成虫聚集性强，行动缓慢，通常聚集在剑麻叶基部。高温不利于其发育生长，低温干旱有利于其发生。

中国分布：台湾、广东、海南。

其他地区分布：原产于中南美洲及墨西哥，现分布于亚洲、非洲、欧洲及美洲的 30 多个国家和地区。

入侵中国的最早记录：1998 年首次在海南昌江发现。

32. 湿地松粉蚧 *Oracella acuta* (Lobdell)

分类地位：半翅目 Hemiptera，粉蚧科 Pseudococcidae

英文名称：Loblolly pine scale，Loblolly pine mealybug

其他中文名：火炬松粉蚧

松枝上的湿地松粉蚧

（左：赵丹阳　提供；右：秦长生、邱华龙　提供）

湿地松粉蚧寄生于松枝嫩芽

（秦长生、邱华龙　提供）

形态特征：雄成虫体长 0.9~1.1mm，粉红色，触角基部及复眼朱红色。中胸大，黄色；第 7 腹节两侧各具一长为 0.7mm 的白色蜡丝。有翅型雄虫具 1 对白色翅，翅脉简单。

雌成虫体长 1.5~1.9mm，浅红色，梨形，中后胸最宽。在蜡包中腹部向后尖削。复眼明显，半球状。口针长为体长的 1.5 倍。触角 7 节，其上具细毛；端节较长，为基节的 2 倍，并具数根感觉刺毛。胸气门 2 对。胸足 3 对，发育正常，爪下侧无小齿。体背前后各有 1 对背裂唇。腹面有一较大的脐斑横跨第 3、第 4 腹节交界的中线处。卵长椭圆形，长 0.32~0.36mm，浅红色至红褐色。若虫椭圆形至不对称椭圆形，体长 0.4~1.5mm，浅黄色至粉红色。足 3 对，中龄若虫体上分泌白色蜡质物，腹末有 3 条白色蜡丝；末龄若虫固定生活，分泌蜡质物形成蜡包覆盖虫体。

寄主及危害：主要为害火炬松、湿地松、长叶松、裂果沙松、萌芽松、矮松、马尾松等松属植物的松梢、嫩枝及球果。若虫和雌成虫群集于植物枝梢端部，刺吸松梢汁液。受害松梢轻者抽梢、针叶伸展长度明显减小，严重时梢上针叶极短或顶芽枯死、弯曲，形成丛枝，老针叶大量脱落，并且在针叶上伴发煤污病。球果受害后发育不良，变小而弯曲，影响种子质量和产量。受害松树树势衰弱，松脂产量显著减少。

生物学特性：在广东南部一年 4~5 代，世代重叠。以若虫藏匿于老针叶叶鞘内越冬。可忍受一定的低温，但降雨对其影响较大。

中国分布：广东、广西、福建、江西、湖南。

其他地区分布：美国。

入侵中国的最早记录：1988 年随湿地松无性系繁殖材料进入广东台山，1990 年 6 月首次在广东台山发现。

33. 七角星蜡蚧 *Ceroplastes stellifer* (Westwood)

分类地位：半翅目 Hemiptera，蚧科 Coccidae

英文名称：Stellate scale，Star scale，Glassy star scale

其他中文名：七星蜡蚧，海星蜡介壳虫

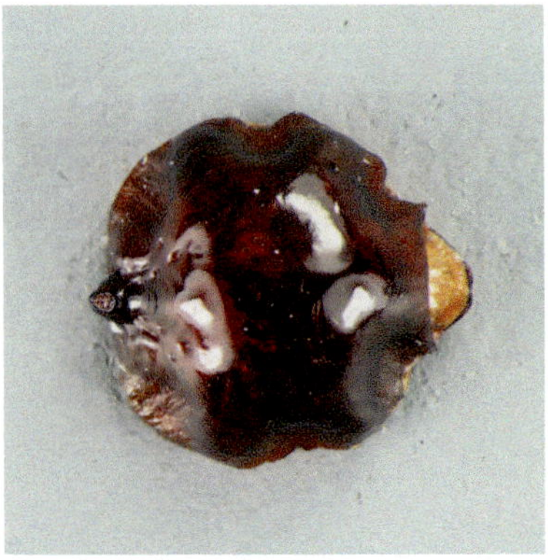

七角星蜡蚧雌成虫（武三安 摄）

七角星蜡蚧雌介壳（武三安 摄）

形态特征：雌成虫体被半透明的厚蜡壳，形如七角星状。蜡壳中部高度突起，中央有一椭圆形、不透明的白蜡壳点；边缘扁平，向外有6~7个辐射状蜡角，其中前端中央1个，左右两侧各3个，每个蜡角顶端有不透明的、白色锥状蜡突，头端的蜡角在主蜡突基部两侧每侧还有1个小突起，前面2对侧蜡角每个蜡角均有1条明显的白色中脊线。蜡壳末端中部亦有1对白色小蜡突。蜡壳长3.0~5.0mm。雌成虫虫体圆形至六边形，长0.8~2.0mm，宽0.6~1.45mm。具有突出的头叶，背面尾端有明显的硬化肛突；肛突短，伸向背后方，长约等于宽。体色从粉色到紫红色，随年龄增长而变暗，肛突黑褐色。腹面膜质平坦，产卵后中央内缩形成卵腔，用于储藏卵。背面无瘤，有裸区（无腺体）8个，头端1个，背中1个，体侧两边各3个。背刚毛刺状，顶端尖，小且少，稀疏分布。体缘毛细而尖，直立或稍弯曲，两个前气门洼之间有18~25根，前后气门洼之间有10~14根，后气门洼至腹末有22~25根，臀叶上有3~4根长毛。气门洼浅但清晰，气门刺成小群分布，前气门洼每个有刺约9根，后气门洼每个有刺7~10根，靠近腹面的气门刺端部圆钝，越靠近背部越长，且端部越尖锐。多格腺少，仅在阴门附近成松散小群。两触角之间有长毛14~20根。触角细小，6节。足细小，胫节与跗节愈合，爪下侧无小齿，跗冠毛细长，端部膨大；爪冠毛粗，端部亦膨大。主要鉴别特征：触角间毛大于5对；足的胫节和跗节愈合；多格腺少；尾突很小；气门刺少，且分布局限在气门洼处。

寄主及危害：寄主植物有22科40余种。寄生在叶片背面。巴基斯坦、美国和南美一些国家将其列为观赏植物的重要害虫。分泌的蜜露可招致煤污病，降低寄主植物叶片的光合作用，影响园林植物的观赏价值。

生物学特性：未见详细报道。

中国分布：台湾、云南。

其他地区分布：主要分布在热带和亚热带地区，亚洲、欧洲、非洲、北美洲、中美洲、南美洲共有50多个国家和地区已有发生。

入侵中国的最早记录：1929年记录于台湾芒果上，2013年10月在云南西双版纳地区发现。

34. 橡胶盔蚧 *Parasaissetia nigra* (Nietner)

分类地位：半翅目 Hemiptera，蚧科 Coccidae

英文名称：Black scale，Nigra scale

其他中文名：橡副珠蜡蚧，乌黑副盔蚧，黑灰蚧

形态特征：成虫初始呈黄色，后转成深褐至紫黑色，有光泽。雌成虫体长3~4mm，椭圆形，前端稍收窄；体长、体背隆起程度随生境条件不同而异。卵椭圆形，半透明，有光泽，鲜黄色或橙黄色，通常带有粉红色，被保护于母体分泌形成的蜡质介壳下。1龄若虫个体很小，体长0.35mm，触角和足明显，眼黑色，位于体前外侧。2

橡胶盔蚧若虫和成虫的介壳（王进强 提供）

橡胶树上的橡胶盔蚧（王进强 提供）

橡胶盔蚧蜜露诱发的橡胶煤污病（王进强 提供）

被橡胶盔蚧为害后落叶的橡胶树（王进强 提供）

龄若虫大量取食营养物质，个体迅速增大，呈不透明白色，于自然光下渐转为灰色或黑色。形态与成虫近似，背部不隆起。3 龄若虫个体大小接近成虫，微隆，肉色或白色，刚毛附近出现黑色斑点，背面可见分泌腺，纵向排成 3 条，交汇于肛门附近。

寄主及危害：主要为害起源于热带的园林植物，如榕属和木槿属，也为害农作物，主要有番荔枝、番石榴、橡胶、芒果、木瓜、美人蕉、洋蒲桃、无花果、榕树、香蕉、鸡蛋花、扶桑、玉米等。在橡胶树上，以若虫和雌虫集中于茎干、枝条，尤其是刚抽出的嫩枝上为害，严重影响橡胶长势；发生严重时，虫体密被于植株（幼树）或枝条的表面，分泌大量蜜露而诱发煤污病，导致茎干、枝条和叶片变黑，严重影响橡胶树的光合作用，造成开割林减产、停割或推迟开割时间，甚至造成橡胶树落叶、枯梢和死亡。

生物学特性：成虫孤雌生殖，繁殖力强，世代重叠明显。单雌产卵 400~1500 粒，产卵期长。1 龄若虫能快速爬行，扩散到邻近的橡胶树或其他植物上，尤其是刚抽出的新枝上。2 龄若虫大量取食营养物质，个体迅速增大，扁平贴于枝干或叶片背部叶脉上，通常静止。3 龄若虫分泌大量蜜露，聚集成不透明的滴状。

中国分布：海南、云南、广东、广西、安徽、福建、台湾、香港。

其他地区分布：亚热带、热带地区。

入侵中国的最早记录：1989 年云南省西双版纳大渡岗地区发现。

35. 松突圆蚧 *Hemiberlesia pitysophila* Takagi

分类地位：半翅目 Hemiptera，盾蚧科 Diaspididae
英文名称：Pine greedy scale，Pine needle scale，Pine armored scale，Pine needle hemiberlesian scale
其他中文名：松栉盾蚧，松栉圆盾蚧

松突圆蚧（左：成虫；右：成虫和若虫；秦长生、邱华龙　提供）

松树被害状（赵丹阳　提供）

松树被害状（秦长生、邱华龙　提供）

松树被害状（赵丹阳　提供）

形态特征：雌虫介壳圆形或椭圆形，较扁平，中心略高，白色或浅灰黄色。介壳直径约 2mm，有蜕皮壳 2 个。1 龄、2 龄若虫蜕皮壳为橙黄色并略有环带纹，偏于介壳一端近边缘部分。雄介壳长椭圆形，前端稍宽于后端，头端微隆，淡褐色，在介壳前端中央有 1 个白色蜕皮壳。尾端扁平，蟹青色。雌成虫体长 0.7~1.1mm，宽梨形，淡黄色；头胸部最宽；第 2~4 腹节侧面呈瓣状突出；臀板较宽，稍硬化；虫体除臀板外均为膜质；触角疣状，上具刚毛 1 根；口器发达。雄成虫橘黄色，体长约 0.8mm；触角 10 节，长约 0.3mm，每节具数根毛；单眼 2 对；足 3 对且发达；膜质翅 1 对，翅脉 2 条；后翅退化成平衡棒，端部具毛 1 根；交尾器发达，长而稍弯曲；腹部可见 9 节。卵椭圆形，长约 0.35mm，白色透明，表面有细颗粒。初孵若虫卵圆形，淡黄色，长 0.2~0.3mm，头胸略宽，1 对发达的眼位于触角下侧方；触角 4 节，柄节较粗，基部 3 节短，第 4 节最长，约为基部 3 节之和的 3 倍，整节有轮纹；口器发达；胸气门 2 对；足 3 对且发达，转节上具一长毛，跗冠毛 1 对。腹面沿体缘有 1 列刚毛。2 龄若虫足完全消失，触角退化，腹部末端出现臀板，其外形近似雌性成虫；性分化后，雄若虫比雌若虫身体稍窄，体长约 0.55mm。蛹淡黄色，椭圆形，长约 0.75mm；触角、足及交配器淡黄色而稍显透明，前端出现眼点；口器完全消失。

寄主及危害：主要为害马尾松、湿地松、黑松等松属植物，以马尾松受害最重，能致大片松树枯死。主要寄生在针叶基部、新抽出的嫩梢基部、新鲜球果的果鳞上及新长出的针叶中下部，吸食植物汁液，被寄生部位变色发黑、干枯或软烂，导致树木衰弱，严重时树冠下部的枝条先枯死，继而上部针叶枯黄脱落，嫩梢卷曲或停止生长，最后全株枯死。一般松林受害 3~5 年后，即可造成成片松林枯死。

生物学特性：在广东一年通常发生 5 代，越冬期不明显，世代重叠，多以若虫越冬。雌蚧的产卵期可达 20~50 天，产卵量以越冬代和第一代最多， 64~78 粒。初孵若虫从老针叶向新针叶爬行扩散，找到合适寄生部位后不再改变寄生位置。林地荫蔽多湿的环境有利于其发生。

中国分布：台湾、香港、澳门、福建、广东、广西、江西。

其他地区分布：日本冲绳等群岛、韩国。

入侵中国的最早记录：模式标本于 1965 年采自台湾台北；1982 年在广东珠海马尾松林内发现。

36. 苏铁白盾蚧 *Aulacaspis yasumatsui* Takagi

分类地位：半翅目 Hemiptera，盾蚧科 Diaspididae

英文名称：Asian cycad scale，Cycad aulacaspis scale，Cycad scale，Sago palm scale， Snow scale，Thai scale

其他中文名：苏铁白轮盾蚧，泰国轮盾蚧

苏铁白盾蚧（虞国跃　摄）

苏铁白盾蚧的卵和若虫（齐国君　摄）

形态特征：雌成虫介壳白色，梨形或椭圆形，长 1.5~2.2mm，宽 1.2~2.0mm，壳点 2 个，突出于介壳前端，第 1 壳点通常浅黄褐色，第 2 壳点黄褐色或浅黄褐色。雌成虫体黄色，长梨形，长 0.9~1.0mm，宽 0.5~0.6mm，头胸部宽圆，尾部略细，臀板

苏铁白盾蚧天敌——日本方头甲 *Cybocephalus nipponicus*（齐国君 摄）

苏铁白盾蚧在苏铁上大量聚集

（齐国君 摄）

苏铁白盾蚧的危害状

（齐国君 摄）

凹较明显，近产卵的雌成虫体为橙色。雄虫介壳白色，长条形，两侧几乎平行，背面有 1 条纵脊，长约 0.9mm，宽约 0.4mm，前端具 1 个浅黄褐色的壳点。雄成虫橙红色，口器退化，具 1 对白色半透明的翅，腹末有 1 条细长的针状交尾器。卵橙黄色或橙红色，长椭圆形，长约 0.2mm，接近孵化的卵可见 2 个黑色眼点。初孵若虫长椭圆形，体扁平，颜色和卵相近，尾部有 2 根很细的尾毛。1 龄若虫固定取食后体形开始增大，体色变为浅黄色，体形由原来的长椭圆形变为卵圆形，由扁平变为背部隆起，老熟 1 龄若虫体色为黄色。2 龄若虫触角和足均已退化，在头部还能见到 1 对眼点。2 龄雌蚧体浅黄色，形态上与雌成虫相似。

寄主及危害：专性为害苏铁类植物。一般从叶片的下面开始侵害，逐渐向叶片上表面、叶柄和树干扩散。发生轻时，死亡的介壳虫附在植株上，降低苏铁观赏价值；发生严重时，植株几乎全部被白色的介壳包被着，整株死亡。

生物学特性：雌虫产卵量平均 79 粒。卵产在介壳内，产卵期通常 1 个月左右。蚧虫孵化后在介壳内停留数小时后从介壳边缘缝隙爬出，有的若虫不爬出介壳，而在介壳下固定生长，造成以后介壳重叠。初孵若虫爬行速度较快。雄蚧成虫寿命仅 0.5~2 天。

中国分布：广东、福建、贵州、云南、海南、香港、台湾。

其他地区分布：亚洲（印度尼西亚、新加坡、泰国、越南）、北美洲（美国）、中美洲（巴巴多斯、开曼群岛、哥斯达黎加、瓜德罗普、马提尼克、波多黎各、美国维尔京群岛）、欧洲（保加利亚、克罗地亚）、大洋洲（关岛、北马里亚纳群岛、帕劳）。

入侵中国的最早记录：2000 年在台湾发现，大陆不详。

37. 悬铃木方翅网蝽 *Corythucha ciliate* (Say)

分类地位：半翅目 Hemiptera，网蝽科 Tingidae

英文名称：Sycamore lace bug

其他中文名：无

悬铃木方翅网蝽成虫

（虞国跃　摄）

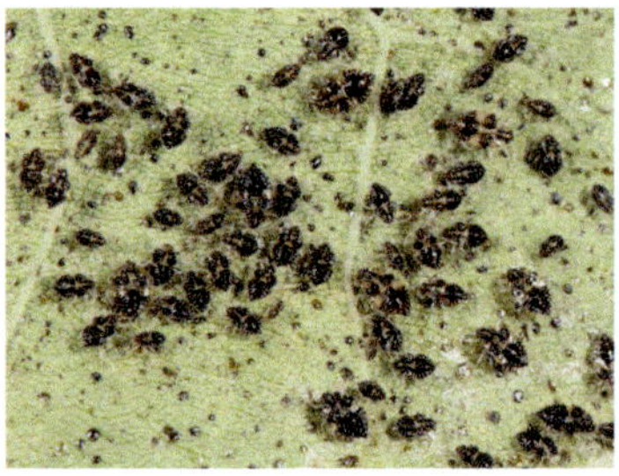

悬铃木方翅网蝽若虫

（虞国跃　摄）

悬铃木方翅网蝽危害状

（虞国跃　摄）

悬铃木方翅网蝽危害造成悬铃木叶背花叶

（虞国跃　摄）

翘皮下越冬的悬铃木方翅网蝽

（虞国跃　摄）

形态特征： 成虫体长3.2~3.7mm，雄虫稍小于雌虫，乳白色；前翅显著超过腹部末端，静止时前翅近长方形。头兜发达，盔状但中度扁平，高于中纵脊，前端明显伸过头端，后端扩展至前胸部背板盘域中部；头兜、中纵脊、侧纵脊及前翅的网肋上密布直立小刺；侧背板和前翅前缘可见明显刺列；体腹面黑褐色，足和触角浅黄色；触角 4 节，第 3 节纺锤形膨大。雌虫腹部肥大，末端圆锥形；产卵器明显；雄虫腹部瘦长，腹末有 1 对爪状抱握器。卵长 0.4mm，乳白色，茄形，顶部有褐色的椭圆形卵盖，中部稍拱突。若虫共 5 个龄期，末龄若虫体长 1.65~1.87mm；头部刺突共 5 枚，触角下 2 枚单刺，前额区有 1 枚 4 叉刺突，复眼后着生 2 枚 4 叉刺突，触角 4 节，第 3 节最长，第 4 节膨大；复眼突出；喙伸达后胸腹板中部。头兜半球形，其前缘处有 2 对单刺，后缘部有 1 对 3 叉刺突。前胸背板侧缘后端有 1 枚单刺，中胸小盾片黄白色，有 1 对单刺突，前翅前端为褐色，后部为黄白色，在其外侧中央有 1 枚 2 叉刺突。腹部黑褐色，侧缘黄白色，背面中央纵列 4 枚单刺，两侧各具 6 枚 2 叉刺突。

寄主及危害：主要为害悬铃木属树种。以成虫和若虫群集于寄主植物叶背，刺吸叶片汁液，被害叶片正面最初出现分布均匀的黄白色小斑点，叶背面满布锈褐色虫粪和褐色分泌物，影响叶片光合作用，导致叶片提早枯黄、脱落，严重影响行道树的绿化效果与观赏价值，同时还能传播悬铃木溃疡病和法国梧桐炭疽病。大量发生时可成群入侵办公场所和居民家中，干扰人们的正常工作和生活。

生物学特性：一年发生2~5代或更多，每个世代约30天，世代重叠明显。以成虫在悬铃木主干或主枝的翘皮、裂缝内或枯枝落叶及树冠下的绿篱中越冬。雌虫繁殖能力强，平均产卵284粒。卵直立于叶背的叶脉交叉处，十多个至数十个成一小堆。1~3龄若虫活动缓慢，聚集成群，4龄后分散迁移到新叶上为害。耐寒能力强。

中国分布：山东、陕西、河北、北京、河南、上海、江西、浙江、重庆、湖北、湖南、贵州、四川、江苏、安徽、山西。

其他地区分布：韩国、意大利、法国、瑞士、西班牙、匈牙利、塞尔维亚、黑山、德国、克罗地亚、保加利亚、美国、加拿大。

入侵中国的最早记载：2002年在湖南长沙首次发现。

38. 菊方翅网蝽 *Corythucha marmorata* (Uhler)

分类地位：半翅目 Hemiptera，网蝽科 Tingidae

英文名称：Chrysanthemum lace bug

其他中文名：无

菊花上的菊方翅网蝽成虫（虞国跃　摄）

加拿大一枝黄花上的菊方翅网蝽交配对（虞国跃　摄）

形态特征：成虫体长2.8~3.2mm，雌虫稍大于雄虫；体灰白至白色，具灰褐色斑纹；前胸背板上的头兜发达，高不及中纵脊高度的2倍（为1.6~1.9倍），约为其本身长度的2/3，或与中纵脊长度相近；头兜、侧背板、中纵脊和前翅网室室脉上着生直立小刺，

加拿大一枝黄花叶背的若虫（虞国跃 摄）

加拿大一枝黄花的被害叶片（虞国跃 摄）

侧背板和前翅外缘的刺列十分明显；前翅显著超过腹部末端，静止时前翅近长方形。卵褐色，茄形，顶部有卵盖。若虫孵化时呈透明浅绿色，共 5 龄。

寄主及危害： 寄主为多种菊科植物，包括野塘蒿、女菀、小蓬草、北美一枝黄花、三裂叶豚草、豚草、魁蒿、加拿大苍耳、鬼针草、菊芋、向日葵等，也可在家庭种养的菊花上发现。成虫和若虫刺吸寄主植物汁液，使被害叶片表面出现白色碎点状褪色斑，叶背布满黑色黏液斑点状排泄物，受害严重时叶片变为黄白色直至枯黄，生长不良。

生物学特性： 1~4 龄若虫主要集中在叶背主脉及侧脉两侧，5 龄若虫开始分散为害。成虫一般情况下以爬行为主，极少飞翔。在武汉和上海地区，一年均发生 5 代，第 5 代成虫于 10 月中下旬开始越冬，翌年 4 月上旬开始恢复活动和为害。

中国分布： 上海、浙江、台湾、江西、湖北。

其他地区分布： 原产于美洲（美国、加拿大、墨西哥、牙买加），引入日本、朝鲜。

入侵中国的最早记录： 标本最早于 2010 年 10 月采自上海辰山植物园。

39. 谷斑皮蠹 *Trogoderma granarium* Everts

分类地位： 鞘翅目 Coleoptera，皮蠹科 Dermestidae

英文名称： Khapra beetle

其他中文名： 卡巴甲虫，谷鲣节虫，谷鲞虫，椰子干核甲虫

形态特征： 成虫体长 1.8~3.1mm，宽 0.9~1.7mm，雌虫一般大于雄虫。体呈长椭圆形或倒卵形，体壁发亮，头及前胸背板暗褐色至黑色，鞘翅红褐色，触角及足淡褐色。前胸背板近中央及两侧有不明显的黄色或灰白色毛斑。鞘翅密被淡褐色至深褐色毛，上面有淡色毛形成的不甚清晰的亚基环、亚中带和亚端带。腹面被褐色毛。触角 11 节（极少数个体为 9~10 节），雄虫触角棒 3~5 节，末节长约为第 9、第 10 节的总和，雌虫触角棒 3~4 节。触角窝后缘隆线特别退化，雄虫约消失全长的 1/3，雌虫约消失全长

谷斑皮蠹（左雌右雄；白旭光 摄）

的 2/3。颏的前缘中部具深凹，两侧钝圆，在凹缘最深处的高度不及颏最大高度之半。雌虫交配囊骨片极小，长约 0.2mm，宽约 0.01mm，上面的齿稀少。雄虫第 9 腹节背板两侧着生刚毛 3~4 根。卵长约 0.7mm，宽约 0.25mm，长筒形稍弯曲，一端钝圆，另一端较尖并着生许多刺状突，刺突基部粗，端部细。老熟幼虫体呈纺锤形，长 4.0~6.7mm，宽 1.4~1.6mm，背面乳白色至红褐色或淡褐色。第 1 腹节端背片最前端的芒刚毛不超过前脊沟。身体背面的箭刚毛多着生于背板侧面，尤其在腹末几节背板最集中，形成密的暗褐色毛簇。箭刚毛末节呈枪头状，其长度约等于其后方 4 个小节的总长。第 8 腹节背板无前脊沟，或仅以间断线形式存在。上内唇具感觉乳突 4 个。触角节 1、2 节约等长，第 1 节上的刚毛散布于该节周围，仅外侧 1/4 无刚毛。初产时乳白色，后变为淡黄色。离蛹，长 3.5~5.0mm，淡黄色，扁圆锥形，体表着生多数细毛。

寄主及危害：杂食性，为害多种植物性和动物性产品，如小麦、大麦、麦芽、燕麦、黑麦、玉米、高粱、稻谷、面粉、花生、干果、坚果、奶粉、鱼粉、蚕茧、皮毛、丝绸等。

生物学特性：在东南亚一年发生 4~5 代。以幼虫在仓库缝内越冬。成虫寿命短，交配过的雌虫存活 4~7 天，未交配过的雌虫存活 20~30 天，雄虫可存活 7~12 天；成虫不飞行，很少取食。卵多散产，每次产 50~90 粒。对干燥、高低温、饥饿具很强的耐受能力。幼虫多集中于粮堆顶部取食，近 3 龄后钻入缝隙中群居。

中国分布：福建、山东、广东、云南、黑龙江、台湾等。

其他地区分布：亚洲、非洲、大洋洲、欧洲、美洲等地区。

入侵中国的最早记录：1962 年在山东青岛的进口花生中发现。

40. 双钩异翅长蠹 *Heterobostrychus aequalis* (Waterhouse)

分类地位：鞘翅目 Coleoptera，长蠹科 Bostrichidae

英文名称：Kapok borer，Oriental wood borer，Lesser auger beetle

其他中文名：细长蠹虫

形态特征：成虫赤褐色，虫体圆筒状，体长6~15mm，宽2.1~3.0mm。头部黑色，具有细颗粒状突起，头后部密布纵向背线；触角着生在复眼前，左右两触角分开，且距离较宽，触角10节，鞭节6节，末端3节、锤状、膨大呈椭圆形，其长度超过触角全长的一半，具毛；小盾片四边形，微凸起，光滑无毛。鞘翅刻点清晰，呈条状排列，刻点之间有纵沟，刻点沟间光滑无毛、具光泽；鞘翅两侧缘自基缘向后几乎平行延伸，至翅后1/4处急剧收缩，后缘倾斜有齿；前胸背板前缘呈弧状凹入，前半部表面密布粒状突起，前缘角有一个较大的齿状突起，其后还有5~6个锯齿状突起，后缘角呈直角，前缘后面凹陷；成虫腹部第5节可见有腹板；足胫节有刺。成虫雌雄异型，大小差异较显著，容易区别，雌虫较大，雄虫较小；在鞘翅斜面后端两侧，雄虫有2对钩状突起，上面的1对较大，呈尖钩状，向上并向中线弯曲，下面的1对位于鞘翅边缘，较小，无尖钩，仅略隆起。雌虫鞘翅斜面上仅有稍微隆起的瘤粒，无尖沟形成。

老熟幼虫肥胖，体长8~15mm，乳白色，体节12节，体壁皱褶，常弯曲成“C”形，头部较大，而大部分被前胸背板覆盖，背面中央有1明显白色中线，胸部较发达，中间明显有1黄白色的骨化片，长1.5~2.0mm，具3对胸足，胫节上长刺；虫体腹面扁平，近尾部的背面中线具明显的带状棕红色血管，尾部钝圆。

寄主及危害：严重为害木材、竹材、藤材及其制品。钻蛀能力强，食性杂，既可为害活立木，也可为害木材及制品，甚至可蛀穿塑料和玻璃密封胶。被害木材或制品的外表虫孔密布，内部蛀道交错，严重时几乎被蛀成粉状，一触即破，完全丧失使用价值。

生物学特性：在热带和亚热带地区一年一般发生1~2代。初孵化的幼虫在木质的导管中取食，以后逐渐向外扩展，形成纵向排列的幼虫坑道。成虫寿命长达2个月，具较强的飞翔能力，钻蛀性强，可将有机玻璃咬穿孔而逃脱。

中国分布：广东、广西、海南、云南、福建、上海、香港、台湾。

其他地区分布：日本、印度、泰国、马来西亚、印度尼西亚、越南、菲律宾、缅甸、爪哇、新几内亚、安达曼群岛、马里亚纳群岛、斯里兰卡、古巴、苏里南、马达加斯加、以色列等热带和亚热带地区，美国少数地区、一些太平洋岛屿零星发生。

入侵中国的最早记录：最早在台湾等地发现。1988年传入广东深圳。

双钩异翅长蠹成虫背面（张文俊　提供）

双钩异翅长蠹成虫侧面（张文俊　提供）

41. 赤拟谷盗 *Tribolium castaneum* (Herbst)

分类地位：鞘翅目 Coleoptera，拟步甲科 Tenebrionidae
英文名称：Red flour beetle
其他中文名：无

赤拟谷盗成虫（白旭光　摄）

形态特征：成虫体扁平，长椭圆形，体长 3.0~3.7mm，平均 3.3mm，略小于杂拟谷盗，全身赤褐色至黑褐色，体密布小刻点，有光泽，头部扁宽；触角 11 节，末端 3 节膨大，呈锤形；复眼长椭圆形，黑色，着生于头部突出部的后方，从腹面观察两复眼间的距离约与复眼的横径相等；前胸背板长方形，两侧稍圆，前缘角钝圆，并密生小刻点；小盾片略呈长方形；鞘翅长达腹末，与前胸背板同宽，上具 10 条纵刻点行。卵椭圆形，长约 0.6mm，宽约 0.4mm，乳白色，表面粗糙无光泽。老熟幼虫细长圆筒形而稍扁，长 6~7mm，头部黄褐色，口器黑褐色，触角 3 节，胸足 3 对，胸、腹部共 12 节，各节前半部为淡黄褐色，后半部及节间为淡黄白色，末节着生 1 对黄褐色毛突，其腹面着生 1 对肉质指状突起。蛹长约 4mm，全身淡黄白色，但复眼黑色。腹部第 1~7 节两侧各有一疣状侧突，腹部末端有肉刺 1 对。

寄主及危害：食性杂，为害面粉、麸皮、米糠、豆饼、干果、豆类、禾谷类、油菜籽、皮革、药材、烟叶、生姜、干鱼、蚕茧、昆虫标本等。主要为害面粉。该虫有臭腺，其分泌的臭液污染谷物，当虫量大时会分泌一种苯醌而产生极难闻的霉腥味，使谷物失去食用价值。

生物学特性：在华东 1 年发生 4~5 代，大多以成虫群集于包装物、杂物及仓库内的各种缝隙内越冬，偶尔以幼虫或蛹越冬。雌虫一生平均产卵 320 多粒，最多可达 950 多粒，卵散产于食物表面或栖息场所的缝隙中。在适宜温、湿度条件下完成 1 个世代约需 40 天。

中国分布：我国大部分地区。

其他地区分布：世界热带与较温暖地区。

入侵中国的最早记录：不详。

42. 杂拟谷盗 *Tribolium confusum* Jacquelin du Val.

分类地位：鞘翅目 Coleoptera，拟步甲科 Tenebrionidae

英文名称：Confused flour beetle

其他中文名：杂拟谷甲、广颊谷蛀

杂拟谷盗成虫（白旭光 摄）

形态特征：本种与赤拟谷盗形态相似。杂拟谷盗成虫体长 3.1~3.8mm（略大于赤拟谷盗）；体红褐色，有时赤褐色（赤拟谷盗为赤褐色至黑褐色，有时红褐色）；在头部腹面两复眼间距离为复眼横径的 3 倍（赤拟谷盗两复眼间距离等长或稍大于复眼横径）；触角棒部 5 节，呈棍棒形（赤拟谷盗触角棒部 3 节，锤形）。幼虫基半部较粗，端部缩小变尖（赤拟谷盗幼虫自基部向端部逐渐缩小）。

寄主及危害：与赤拟谷盗相似，两者常混合发生。是面粉厂及粉类储藏库中的重要害虫。

生物学特性：与赤拟谷盗相似。

中国分布：我国大部分省份有分布，如内蒙古、黑龙江、新疆、辽宁、宁夏、河南、河北、山西、山东、江苏、安徽、上海、湖南、湖北、江西、四川、广西、贵州、云南等。

其他地区分布：世界热带与较温暖地区。

入侵中国的最早记录：不详。

43. 水椰八角铁甲 *Octodonta nipae* (Maulik)

分类地位：鞘翅目 Coleoptera，铁甲科 Hispidae

英文名称：Nipa palm hispid

其他中文名：无

水椰八角铁甲危害状
（侯有明 摄）

水椰八角铁甲的成虫
（示不同体色；侯有明 摄）

水椰八角铁甲的卵
（侯有明 摄）

水椰八角铁甲的幼虫（侯有明 摄）

水椰八角铁甲的蛹（侯有明 摄）

形态特征：成虫体长 6~7mm，宽 2mm 左右。头、触角、前胸背板及小盾片棕黄至棕红色，有时头和触角颜色加深呈褐色；鞘翅黑色，周缘及缘折棕黄至棕红色；腹面及足颜色同前胸背板。体形狭长较扁，两侧近平行。头顶宽阔，在眼间呈方形隆起，刻点粗大，前侧角突出，中央有 1 条纵沟，沟前端向前突伸，端部狭尖，伸达第 1 触角长度的一半。触角 11 节，长约为体长的 1/3；第 1 节粗壮，刻点粗，以后各节刻点微细、光亮；2~5 节筒形，6~11 节较宽扁。前胸背板近方形，侧缘内凹，具窄平的边；基部明显较前部为宽；前缘在中部无边框，明显拱出；后缘较平，有边框；四角向外突出，每个角具一凹陷并形成 2 个齿，八角属名即由此而来；盘区有 1 个大的“V”形光洁区，前端两侧明显隆起成脊，基部中央宽平，背板其余部分全具刻点。鞘翅狭长，背面较平不隆，两侧近平行，中部偏后最宽；端部缝角微突出，外角宽圆，端缘较平；除小盾片外，有 8 行排列整齐粗大的刻点，第 5、第 6 行在中部之前各分为 2 行，第 2、第 4、第 6、第 8 行在翅后部隆起成脊。足的腿节、胫节短粗，宽扁，跗节阔扁。腹部可见 5 节，雌虫末节端缘完整，雄虫末节端缘中央明显内凹。

老熟幼虫体长 7~8mm，宽 2mm 左右。乳白色，头部淡棕色，末端骨盘褐色。头部宽扁，前口式。胸部 3 节，各具足 1 对，中、后胸两侧具瘤突，前后胸节间具气门 1 对。腹部 9 节，无足，各节具侧突 1 对，第 8、第 9 节合并，并在体后端形成 1 个骨盘。骨盘铲形，基缘呈马蹄形隆起，端缘较平，背面平洼，两侧向体后延伸，上下缘均有小齿突，末端分叉，内叉较长，钩状，向里弯，外叉较短，齿状，向外突。腹部气门圆形，共 8 对，位于侧突的上方，仅第 8 气门位于骨盘马蹄形隆起的末端。

卵长筒形或椭圆形，褐色，两端宽圆，卵长约 1.7mm，宽约 0.6mm。卵壳表面通常会有蜂窝状突起。蛹粗壮，离蛹，出现翅芽、足和触角。头顶上有 1 对角状突，近末端有小齿。前胸背板八角未显露，仅只有 8 根毛。腹部 8 对气门开口，不消失，侧突变三叉状突起，第 8 腹节背面着生 1 组片状横褶皱，腹末具 1 对钳状尾突。蛹体长约 8.3mm，宽为 2.4mm。

寄主及危害：可对棕榈科植物的叶、梢造成严重危害，其危害部位、危害状与椰心叶甲相似。成虫和幼虫主要在嫩梢、幼茎和未展开或未全展开的幼叶间取食表皮薄壁组织；受害叶片呈现褐色或灰褐色条斑，并有皱缩、卷曲等现象，受害嫩梢枯萎死亡，严重时致植株枯萎。寄主植物被害后树势削弱，不耐干旱，易感病害，易遭受台风损害，产量和观赏质量明显下降。

生物学特性：雌成虫和雄成虫羽化后分别在第 7 天和第 15 天交配，雌虫羽化后平均 20 天左右开始产卵。

中国分布：海南、广东、福建、广西、云南。

其他地区分布：泰国、印度尼西亚、马来西亚。

入侵中国的最早记录：2001 年在海南东方市一苗圃内的华盛顿棕榈（*Washingtonia filifera*）上首次发现。

44. 椰心叶甲 *Brontispa longissima* (Gestro)

分类地位：鞘翅目 Coleoptera，铁甲科 Hispidae

英文名称：Coconut leaf beetle，Coconut hispid beetle，Coconut leaf hispid，Coconut hispine beetle，Palm leaf beetle

其他中文名：椰长叶甲，红胸叶甲，椰子扁金花虫，椰棕扁叶甲，椰子刚毛叶甲

椰心叶甲成虫
（虞国跃 摄）

椰心叶甲卵
（虞国跃 摄）

椰心叶甲幼虫
（虞国跃 摄）

形态特征：成虫体扁平且狭长，具光泽；体长 8~10mm，雄虫明显小于雌虫。头部红黑色；前胸背板黄褐色；鞘翅黑色，有时基部 1/4 红褐色。头顶背面平伸出近方形板

椰心叶甲前蛹及蛹（虞国跃　摄）

椰心叶甲的危害状（虞国跃　摄）

椰心叶甲的危害状
（虞国跃　摄）

正在向椰心叶甲蛹产卵的椰心叶甲啮小蜂
Tetrastichus brontispae（虞国跃　摄）

块，两侧略平行，宽稍大于长。触角 11 节，粗线状，黄褐色；末端 4 节色稍深，有绒毛。触角间突超过柄节的 1/2，由基部向端部渐尖，不平截。前胸背板略呈方形，长宽相等，具不规则粗刻点；前缘稍向前突出，两侧缘中部略内凹；后缘平直；前侧角圆，向外扩展，后侧角具一小齿，中央有一大黑斑。足褐色，粗短，跗节隐 5 节。卵椭圆形，褐色，长 1.5mm；上表面有蜂窝状凸起，下表面无此结构。初孵幼虫白至乳白色，老熟时呈淡黄色，体长达 8mm，扁长，中部稍阔，背面微拱。蛹浅黄色，与幼虫相似，但个体稍粗，腹部背面 9 节，前 8 节两侧具刺突，中部具不规则排列的小刺；出现翅芽和足，腹末仍有尾突，但基部的气门开口消失。

寄主及危害：主要为害以椰子为主的棕榈科植物，包括西谷椰子、亚历山大椰子、槟榔、棕榈、假槟榔、山葵、刺葵、蒲葵、省藤等。成虫和幼虫聚集为害寄主未展开的幼嫩心叶，于折叠叶内沿叶脉平行取食小叶的薄壁组织，被害叶面留下与叶脉平行、褐色至灰褐色的狭长条纹，严重时条纹连接成坏死褐斑。被害树木后期部分枯萎和顶冠变成褐色，树势减弱直至死亡。此虫是棕榈科植物的毁灭性害虫。

生物学特性：在海南一年发生 3~4 代，世代重叠较明显。雌虫产卵期长达 5~6 个月，平均产卵 120 多粒。卵产于取食心叶而形成的虫道内，1~3 个每列或 2 列，与叶面粘连固定，卵上覆盖排泄物或嚼碎的叶片。成虫畏光，白天多缓慢爬行，可近距离飞行扩散。成虫、幼虫常聚集取食。

中国分布： 海南、台湾、香港、澳门、广东、广西、福建、云南。

其他地区分布： 广泛分布于马来西亚、印度尼西亚、美拉尼西亚、塔西提岛、所罗门群岛、新喀里多尼亚、加罗林群岛、新赫布里底群岛、玻利尼西亚、澳大利亚、斐济、瓦努阿图、法属瓦利斯和富图纳群岛、俾斯麦群岛、关岛、越南、巴布亚新几内亚、马尔代夫、马达加斯加、毛里求斯、塞舌尔、韩国、泰国、缅甸、新加坡。

入侵中国的最早记录： 1975 年传入台湾，1988 年在香港发现，1999 年 9 月在广东番禺发现。

45. 青杨脊虎天牛 *Xylotrechus rusticus* L.

分类地位： 鞘翅目 Coleoptera，天牛科 Cerambycidae

英文名称： Gray tiger longicorn

其他中文名： 青杨虎天牛

青杨脊虎天牛成虫（左雌右雄，迟德富　提供标本，蒋明星　摄）

形态特征 成虫体黑色，长 11~22mm，宽 3.1~6.2mm，头部与前胸色较暗，头顶有倒“V”形隆起线。触角 10 节，第 1、第 4 节等长，短于第 3 节，末节长明显大于宽；基部 5 节的端部无绒毛，雄虫触角长达鞘翅基部，雌虫略短，达前胸背板后缘。前胸球状隆起，宽度略大于长度，密布不规则皱脊；背板具 2 条不完整的淡黄色斑纹。小盾片半圆形；鞘翅两侧近平行；内外缘末端钝圆；翅面密布细刻点，具淡黄色模糊细波纹 3 或 4 条，在波纹间无显著分散的淡色毛；基部略呈皱脊。后足腿节较粗，胫节距 2 个，第 1 跗节长于其余节之和。体腹面密被淡黄色绒毛。卵乳白色，长椭圆形，长约 2mm，宽约 0.8mm。幼虫黄白色，老熟时长 30~40mm，体生短毛，头淡黄褐色，缩入前胸内。前胸背板具黄褐色斑纹。腹部自第 1 节向后逐渐变窄而伸长。蛹黄白色，长 18~33mm。头部下倾于前胸之下，触角由两侧卷曲于腹下。羽化前复眼、跗肢及翅芽均为黑色。

寄主及危害：主要为害杨树和桦树等植物，钻蛀主干及枝干等部位韧皮部、木质部和形成层，蛀成虫道，破坏树木养分和水分的输导，轻则导致树木长势衰弱，重则能使树木迅速死亡。通常植株主干比侧枝受害严重，下部比上部受害重。

生物学特性：一年发生 1 代。以幼虫在树干、枝的木质部内越冬。卵呈堆状，产于老树皮的裂缝中。幼虫起初一般在韧皮部和木质部之间危害，后钻蛀到木质部内取食。成虫飞翔能力不强，一般就近、集中于树干上产卵。

中国分布：黑龙江、吉林、辽宁、上海、内蒙古、新疆。

其他地区分布：朝鲜、日本、蒙古国、伊朗、土耳其、俄罗斯。

入侵中国的最早记录：20 世纪 70 年代末首次在辽宁沈阳发现。

46. 马铃薯甲虫 *Leptinotarsa decemlineata* (Say)

分类地位：鞘翅目 Coleoptera，叶甲科 Chrysomelidae

英文名称：Colorado potato beetle

其他中文名：马铃薯叶甲，科罗拉多马铃薯甲虫，蔬菜花斑虫

出土不久的马铃薯甲虫成虫
（虞国跃　摄）

交配竞争的马铃薯甲虫
（虞国跃　摄）

马铃薯甲虫的卵块
（虞国跃　摄）

正在孵化的马铃薯甲虫
（虞国跃　摄）

马铃薯甲虫低龄幼虫
（吐尔逊　提供）

群集取食的马铃薯甲虫三龄幼虫
（吐尔逊　提供）

形态特征：体长 9.0~11.5mm，短卵圆形，体背显著隆起，淡黄至红褐色，具数条纵黑纹，头部黑斑呈心形。口器淡黄色至黄色。触角 11 节，第 2 节短，第 5、第 6 节

约等长；基部 6 节黄褐色，端部 5 节膨大而色暗。前胸背板隆起，中央有一“U”形斑，每侧有 4~5 个黑斑。小盾片光滑。鞘翅卵圆形，每鞘翅均有 5 条纵黑纹由基部伸至端部。足短，转节呈三角形，腿节稍粗而侧扁，胫节端部稍宽。腹部第 1~5 节腹板中央两侧有长椭圆形黑斑。卵长 1.5~1.8mm，椭圆形，黄色至橙黄色，有光泽。幼虫腹部大，体拱形，初龄幼虫头和足黑色有光泽，老熟幼虫体长约 15mm，前胸背板骨片、气门片暗褐色或黑色。离蛹，椭圆形，长 9~12mm，橘黄色或淡红色。

寄主及危害： 该虫为毁灭性害虫，幼虫和成虫均可取食马铃薯、茄、番茄等植株的叶片和嫩尖，可食尽寄主的地上部分，一般减产 30%~50%，有时高达 90%。此虫排泄特殊的黑色粪便，污染和遗留于植株叶片与茎上，能传播马铃薯褐斑病和环腐病等。马铃薯、番茄、茄、天仙子 4 种寄主是其独立寄主（能完成生活史）。

生物学特性： 通常一年发生 2~3 代，以成虫土中越冬。雌虫平均产卵数百粒，最多达 2000 多粒。卵粒垂直于叶片的反面，十几或几十粒组成一个卵块。土中化蛹和越冬。成虫具有较强的飞行能力。

中国分布： 新疆、吉林、黑龙江。

其他地区分布： 分布于亚洲、美洲、欧洲的 40 多个国家和地区。

入侵中国的最早记录： 1993 年首次在新疆霍城、塔城发现。

马铃薯甲虫成熟幼虫

（虞国跃　摄）

马铃薯甲虫的蛹

（左：郭文超　摄；右：吐尔逊　提供）

众多马铃薯甲虫田间为害马铃薯（吐尔逊　提供）

47. 海枣异胸潜甲 *Javeta pallida* Baly

分类地位：鞘翅目 Coleoptera，叶甲科 Chrysomelidae

英文名称：Indian date palm leaf miner

其他中文名：无

海枣异胸潜甲成虫
（虞国跃 摄）

海枣异胸潜甲幼虫
（虞国跃 摄）

海枣异胸潜甲潜道内的幼虫
（虞国跃 摄）

海枣异胸潜甲幼虫潜斑
（虞国跃 摄）

海枣异胸潜甲蛹
（背面和腹面；虞国跃 摄）

银海枣被害状
（彭正强 摄）

形态特征：成虫体长 5.9~6.7mm，体长形，背面拱起；浅棕黄色，复眼和上颚黑色。触角粗壮，稍长于头和前胸之和，11 节，第 3 节最长，但不长于前 2 节之和。前胸背板仅侧缘近后角缢缩，长宽相近，前后角各着生 1 根刚毛，两侧近平行，近基部稍收缩，后角较尖，后缘双曲形，中部几乎平截；背板隆起，密布凹洼，共有 10 个：前缘具 4 个，呈一横排，中间 2 个略呈长方形，两侧 2 个大，略呈正方形；2 个分别位于后侧缘，最大，略呈纵向的长方形；另 2 个分别位于近后缘两侧，凹洼不明显；后缘正中具一凹洼，背板中间具 1 个凹洼；各凹洼常有明显的刻点。前胸腹板前缘具一球形外突，表面具众多细毛。鞘翅基部稍大于前胸背板，两侧近平行，稍向端部扩大，端部圆形；鞘翅共有 10 列刻点，第 1 列刻点 27 个；鞘翅上的脊线不明显，隐约可见 3 条，第 1 脊线与鞘缝之间有 3 列刻点，其他 2 脊线（第 1、第 2 和第 2、第 3）之间各有 2 列刻点。雄性第 5 腹板后缘稍内凹，雌性该部位则浅弧形后突，中部尤为明显。足全开式爪型，每足具 2 爪，分开，基部扩大，似有基齿（但圆滑）；前足比中后足粗大，腿节和跗节尤为明显，跗节基 3 节双叶形，腹面密生吸附毛。幼虫体长 8.3~10.1mm；体黄褐色，头部红褐色，前胸背板中央具红褐斑，中线浅色（腹面具类似的斑，但无浅色中线）。头及前胸稍扁（呈楔形），中胸以后略呈柱形，稍扁，两体节之间收缩明显；口器前口式，外露；头叶发达，后部插入前胸的胸腔。前胸最为宽大，侧缘具众多细长毛，前胸两前角向前延伸，几乎包围头部；胸足完全消失。从前胸后角及中胸至腹第 7 节各节两侧（背面及腹面）均具步泡状结构，体侧具毛。蛹体长 6.3~7.3mm；体黄褐色，离蛹。头部、触角、3 对足（后足仅见跗节）、前翅及隆起的前胸腹板突明显可见；腹部第 1~8 节两侧各具一气孔；第 3~7 节背板各具 4 个短刺突，成一横列，位于中部稍前；腹板第 7 节后缘具一横列小齿。

寄主及危害： 银海枣（林刺葵）、海枣、江边刺葵。主要以幼虫潜叶蛀食致害。叶片被蛀食后逐渐失水，形成长条形枯斑，多个枯斑汇合造成整片叶子枯黄。发生严重时，可使整株叶片失绿枯萎，不但影响景观，也会影响银海枣的生长。2017 年 12 月曾在海南海口美兰国际机场大量发生并成灾。

生物学特性： 卵产于叶片背面，单产，产卵处覆有褐色分泌物，留下较明显的产卵痕。幼虫孵化后在叶片内取食，叶肉被蛀食后形成渐宽隧道。成虫也取食叶片，留下纵向沟槽状的取食痕迹。

中国分布： 海南、广西。

其他地区分布： 印度（原产地）、新加坡。

入侵中国的最早记录： 2012 年在广西北海首次发现。

48. 银合欢豆象 *Acanthoscelides macrophthalmus* (Schaeffer)

分类地位： 鞘翅目 Coleoptera，豆象科 Bruchidae

英文名称： Sycamore lace bug，Seed bruchid beetle

其他中文名： 无

银合欢豆象成虫（白旭光 摄）

银合欢豆荚上的成虫羽化孔（杨红珍 摄）

形态特征： 成虫体长 2.3~3.6mm，雄虫稍小于雌虫；体红褐色，偶有黑褐色，仅触角红褐色。头宽短；额中纵脊强烈隆起，由额唇基缝延伸至头顶，末端呈膨大隆起状。触角锯齿状；雄虫触角第 4~10 节向一侧明显突出，各节长宽均等，第 11 节端部尖；雌虫触角向一侧突出较弱。前胸背板密布黄毛，且散布不明显的淡褐色毛斑。鞘翅密被黄毛，仅在第 3、第 4、第 6、第 8 行间散布白毛，以上行间的白毛被淡褐色毛斑所中断，淡褐色毛斑约在鞘翅基部 1/5、中部及端部 1/5 处；鞘翅的第 3、4 行纹在革部彼此靠近。后足腿节腹面近端部多有 3 齿，1 个大齿后有 2 个（偶尔 3 个）小齿，小齿长约为大齿长的 1/2。第 1 跗分节具光滑的腹纵脊、侧纵脊和中纵脊。臀板具白色至黄色毛。雄虫臀板有不明显的暗斑；雌虫臀板中纵线两侧各具 1 褐色大毛斑。卵椭圆形，长约 1mm，初产时淡黄色，以后渐变黄色。老熟幼虫体长约 3mm，乳白色或淡黄色，身体肥胖柔软，两端弯向腹面而呈弓状，头小，大部分缩入前胸。蛹长约 3mm，初蛹为乳白色，以后逐渐变为淡黄色至褐色。体色变化先是复眼变褐，复眼呈“U”形，以后头部逐渐变为褐色，后足和后翅变成褐色。

寄主及危害： 寄主全为银合欢属 *Leucaena* 植物。以幼虫在田间或仓库内蛀食银合欢豆荚及种子，被害种子丧失萌发活力，质量下降，只能用作饲料。

生物学特性： 成虫活动力强，善于飞翔，有假死性。在室内，雌成虫一般将卵产于裸露的种子表面，在田间则选择嫩豆荚的凹处产卵。每雌平均产卵 14~25 粒，产卵期 2~3 天。初孵幼虫从卵紧贴着寄主表面的一端蛀入种子内部危害，并留下一个直径约 0.3mm 的小蛀孔；初期通常作平行钻蛀，剥开豆荚，可隐约看到受害种子表皮下弯曲的蛀道痕迹，剖翻种皮可看到幼虫。幼虫一直生活在种子内部直至化蛹。剖开受害成熟种子可观察到老熟幼虫及其蜕皮留下的头壳和大量虫粪。通常情况下，1 粒受害种子内只有 1 头害虫，偶尔有 2~3 头。

中国分布： 湖南、四川、广东、广西、云南、贵州、福建、台湾、海南。

其他地区分布： 墨西哥、美国、危地马拉、萨尔瓦多、洪都拉斯、尼加拉瓜、哥斯达黎加、南非、多哥、澳大利亚、印度等。

入侵中国的最早记录： 1999 年首次在海南儋州发现。

49. 菜豆象 *Acanthoscelides obtectus* (Say)

分类地位： 鞘翅目 Coleoptera，豆象科 Bruchidae

英文名称： Bean weevil

其他中文名： 大豆象

形态特征： 成虫体长 2.0~4.5mm，头长而宽，黑色，密被黄毛，除额中线光滑外，密布刻点。触角 11 节，基部 4 节（有时第 5 节基半部）及末节橘红色，余节黑色；触角第 1~4 节丝状，第 5~10 节锯齿状，第 11 节卵状。复眼肾形，常具橘红色眼后斑。前胸背板圆锥形，两后角间最宽，向前紧缢，黑色，密被黄毛。小盾片黑色，方形，端部2裂，密布倒伏状黄毛。鞘翅黑色，端部边缘橘红色，行纹深，密被黄毛，于鞘翅基、中、端部布褐色毛斑。足被白毛。后足腿节中间宽扁，腹面近端部有1大尖齿和2小尖齿（或有3小尖齿的）。胫节梭形，具端刺。腹部橘红色，仅腹基部有时黑色，密布白毛或杂色毛，臀板隆起，被白毛或黄毛。腹部第5节腹板后缘：雄虫凹入明显；雌虫平截或稍凹入。卵长椭圆形，一端稍大，长约0.6mm，宽约0.2mm，初产时乳白色，渐变淡黄色；表面光滑。幼虫初龄有足，老熟时体长2.4~3.5mm，弯曲呈“C”形，足退化。裸蛹，蛹体长3~5mm，椭圆形，淡黄色，疏生柔毛。

寄主及危害： 主要寄生于大菜豆、白皮菜豆、紫皮菜豆、小白芸豆、中白芸豆、多花菜豆、大理花芸豆、深红芸豆、淡红芸豆、黑花豇豆、小黑花豇豆、黄花豇豆、眉豆、金甲豆、雪白扁豆、红扁豆、绿豆等。幼虫在豆粒内蛀食，对储藏的食用豆类造成严重危害。

生物学特性： 主要以老熟幼虫或蛹在仓内豆内越冬，部分可在田间越冬。翌年春播时随侵染的种子被带到田间，或者成虫从仓内飞到菜豆地块。产卵时，成虫先在成熟或近成熟的豆荚内腹线上咬一狭缝或小孔，然后将卵产于缝内。刚孵化的幼虫即胸足发达，四处爬行寻找蛀入处。

中国分布： 台湾、吉林、湖北、贵州、云南。

其他地区分布： 分布于亚洲、欧洲、非洲、美洲和大洋洲的40多个国家和地区。

入侵中国的最早记录： 1990年在吉林图们地区发现此虫。

菜豆象成虫（左：白旭光 摄；右：李春喜 摄）

50. 紫穗槐豆象 *Acanthoscelides pallidipennis* (Motschulsky)

分类地位： 鞘翅目 Coleoptera，豆象科 Bruchidae

英文名称： 无

其他中文名： 紫穗槐种子豆象

紫穗槐豆象成虫（崔俊霞　提供）

正在花期紫穗槐上活动的紫穗槐豆象成虫（虞国跃　摄）

紫穗槐豆象成虫可被灯光吸引（虞国跃　摄）

形态特征： 成虫体长雄1.5~2.0mm，雌2.4~2.8mm。头黑色，额部具稀疏白毛，唇基及复眼旁被密毛；触角11节，基4节褐色，其余节暗褐色至黑色，其中5~10节锯齿形。前胸背板黑色，密被白色或淡黄色毛。鞘翅大部呈红褐色，基缘、侧缘及翅缝处黑色；上面密被白色或淡黄色毛。腹部及臀板被均一的白色毛。后足腿节内侧近端具4个小齿，其中第2个（从基部数）最大，上部还有些很小的突起。

寄主及危害： 幼虫蛀食紫穗槐的种子。1头幼虫仅危害1粒种子。在仓储条件下，该虫可在紫穗槐种子内完成发育，并可繁殖后代，反复危害。平茬的紫穗槐发生少，危害轻。

生物学特性： 一年发生1~2代，以老熟幼虫或2~4龄幼虫在紫穗槐宿存荚果种子或仓储种子内越冬。越冬代成虫羽化期为紫穗槐花期，成虫飞翔力强，喜在紫穗槐花序和种荚间爬行，取食紫穗槐花蜜，啃食花瓣和幼嫩种荚皮，受惊时有坠地假死习性。第1代卵产在嫩荚上，第2代成虫在当年成熟的紫穗槐种荚上产卵。

中国分布： 黑龙江、吉林、辽宁、内蒙古、北京、天津、河北、河南、山东、浙江、江西、宁夏、陕西、新疆、山西、四川。

其他地区分布： 原产于北美，引入朝鲜、日本、英国、匈牙利。

入侵中国的最早记录： 20 世纪 60 年代初发现在辽宁阜新为害紫穗槐。

注：国内曾误定为窃豆象 *Acanthoscelides plagiatus* Reiche et Saulcy。

51. 豌豆象 *Bruchus pisorum* L.

分类地位： 鞘翅目 Coleoptera，豆象科 Bruchidae

英文名称： Pea weevil

其他中文名： 豌豆蛀虫，豌豆虫，豆牛

豌豆象成虫（白旭光 摄）

形态特征： 成虫长椭圆形，黑色，体长 4.0~5.0mm，宽 2.6~2.8mm；触角基部 4 节，前、中足胫节、跗节为褐色或浅褐色；头具刻点，被淡褐色毛；前胸背板较宽，刻点密，被有黑色与灰白色毛，后缘中叶有三角形毛斑，前端窄，两侧中间前方各有 1 个向后指的尖齿；小盾片近方形，后缘凹，被白色毛；鞘翅具 10 条纵纹，覆褐色毛，沿基部混有白色毛，中部稍后向外缘有白色毛组成的 1 条斜纹，再后近鞘翅缝有 1 列间隔的白色毛点；臀板覆深褐色毛，末端有 2 个明显的黑斑；后足腿节近端处外缘有 1 个明显的长尖齿。卵橘红色，较细的一端具 2 根长约 0.5mm 的丝状物。幼虫复变态，共 4 龄。体乳白色，头黑色，胸足退化成小突起，无行动能力。1 龄幼虫略呈衣鱼形，胸足 3 对短小无爪，前胸背板具刺；老熟幼虫体长 5~6mm，短而肥胖多皱褶，略弯成“C”形。蛹长约 5.5mm，初为乳白色，后头部、中胸、后胸中央部分、胸足和翅转为淡褐色，腹部近末端略呈黄褐色；前胸背板侧缘中央略前方各具 1 个向后伸的齿状突起；鞘翅具 5 个暗褐色斑。

寄主及危害： 为害豌豆、菜豆、野豌豆、决明、金雀儿、山黧豆等植物。主要以幼虫为害新鲜豌豆豆粒，豌豆粒被蛀后，不但重量损失，出粉率降低，而且人畜食用后影响健康。

生物学特性： 一年发生 1 代。主要以成虫在豆粒内、仓库、壁缝、包装物及野外屋檐、木柱、篱笆、树皮下等处越冬，但大部分在豆粒内。每雌虫产卵 130~200 粒。卵产于嫩豆荚上，每荚上平均产 3~5 粒，往往 2 粒重叠。初孵幼虫借助刺盘钻至卵壳下蛀入

豆荚为害，每豆可有数头幼虫侵入，但一般仅有 1 头能存活。幼虫在豆粒内蛀食，当豌豆收获时随被害豆粒进入仓库，并继续危害。羽化的成虫咬一圆孔而外出。

中国分布：除黑龙江外，其他各地均有。

其他地区分布：除澳大利亚外，遍布于世界各大洲。

入侵中国的最早记录：20 世纪 50 年代在我国开始危害。

52. 蚕豆象 *Bruchus rufimanus* Boheman

分类地位：鞘翅目 Coleoptera，豆象科 Bruchidac

英文名称：Broad bean weevil，Bean seed beetle

其他中文名：蚕豆红足象，豆牛，豆乌龟

蚕豆象成虫
（白旭光　提供）

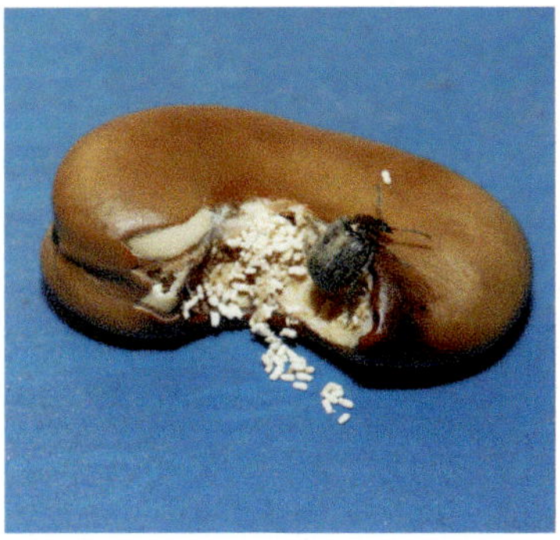

蚕豆象对蚕豆的危害状
（虞国跃　摄）

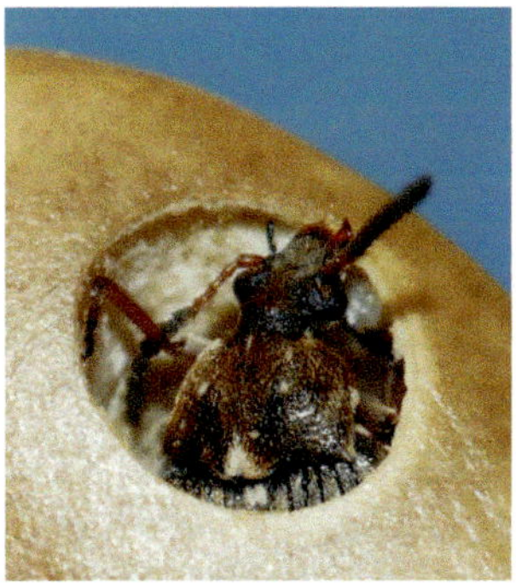

正从蚕豆中出来的蚕豆象
（虞国跃　摄）

形态特征：体长 4.5~5.0mm；体黑色，仅触角基部 4~5 节及前足淡黄褐色；在近小盾片处形成 1 个白毛斑，在鞘翅的端半部形成弧形白毛横带；后足腿节上的端前齿钝，近直角；雄虫中足腿节明显比前足的粗。

寄主及危害：主要为害蚕豆，每豆有 1~3 头豆象，多时可达 20 头。幼虫蛀食豆荚内的豆粒，被害豆粒常入侵霉菌，使豆粒发黑并带有苦味，不能食用；如伤及胚部，则影响发芽率。幼虫随豆粒收获进仓，继续在豆粒内取食危害。

生物学特性：一年发生 1 代，以成虫在豆粒内、仓库的角落、包装物缝隙及在田间、晒场、杂草或砖石下越冬。成虫取食蚕豆花粉和花瓣后才能正常交配和产卵。雌虫一生可产卵近百粒，主要产于蚕豆植株中、下部的青荚上。幼虫孵化后大多从卵壳下侵入荚内，再侵入豆粒中。

中国分布：中国大部分省份。

其他地区分布：原产于欧洲，现已分布世界各地。

入侵中国的最早记录：抗日战争时期从日本传入我国，抗日战争后不久成为江苏、浙江蚕豆的大害虫。

53. 鹰嘴豆象 *Callosobruchus analis* Fabricius

分类地位：鞘翅目 Coleoptera，豆象科 Bruchidae
英文名称：Gamrah bean weevil
其他中文名：眉豆象，鹰咀豆象

鹰嘴豆象成虫（左：白旭光 摄；右：刘丽 摄）

形态特征：成虫体长2.5~4.0mm，卵圆形。头小，暗褐色，密布刻点，疏生淡黄色细毛；额中间有1条明显纵脊，被灰白色毛；复眼近“U”形，略隆起，眼后及前缘凹入部分着生较密的灰白色毛；触角黄褐色，弱锯齿状。前胸背板亚圆锥形，暗褐色，刻点密，疏被黄褐色毛，后缘中部有一三角形的毛束。小盾片方形，密生灰白色毛。鞘翅长略大于两鞘翅的宽度，被黄色或灰白色毛，各鞘翅有纵刻点纹10条，中部和端部各有一黑斑，两黑斑在翅外缘相连，黑斑上光裸少毛；两黑斑之间有一卵圆形白毛斑；肩部略隆起。臀板倾斜，外露于鞘翅末端，黑色，密布灰白色毛。足黄褐色，后足腿节腹面有纵脊2条，外缘脊上的端齿粗钝，内缘脊上的端齿短而尖，或完全消失，沿内缘脊基部3/5处着生多数微齿。雄性外生殖器的阳基侧突端部着生刚毛十余根；内阳茎端部的骨化区呈矩形，端缘不凹入；囊区有2个椭圆形的骨化板。

卵椭圆形，扁平，紧贴于种子表面，长平均0.63mm，宽0.41mm。老熟幼虫长3.6~4.0mm，宽1.9~2.0mm。足退化，身体弯曲呈“C”形，淡黄白色。头圆形，两侧及后面骨化较强；有小眼1对；额区每侧有刚毛3根，排成弧形，具感觉窝1对；唇基着生刚毛和感觉窝各1对；上唇卵圆形，横宽，基部骨化，前缘有多数细刺及4根长的亚缘刚毛，基部每侧有1根刚毛和1个感觉窝；上内唇中部有2对短刚毛，稍弯曲，前缘有4根缘刚毛；触角2节，仅端节骨化，末节刚毛长为末端感觉乳突长的2倍以上。前、中、后胸节上分别有环纹3条、2条、3条；腹部1~8节上各有环纹2条，第9~10节各有环纹1条。

寄主及危害：该虫在田间和仓库内均能繁殖危害，但以仓内为主。主要以幼虫蛀害豆粒成大洞或空壳，明显降低豆的食用和商品价值。印度、印度尼西亚等国家危害尤其严重。在热带地区，对豇豆和绿豆危害最甚。

生物学特性：雌虫喜产卵于完整豆粒的光滑表面上，散产。幼虫孵化后垂直蛀入豆粒内，然后又 90° 转折，向水平方向前进，继续食害子叶。化蛹之前，老熟幼虫在种皮下做一个圆孔，从外部看呈圆形“小窗”状（羽化孔盖，是幼虫化蛹的标志）。幼虫静伏于圆孔内，上颚正对着羽化孔盖，以此种姿态度过前蛹期及蛹期。成虫羽化后静止 1~2 天，然后顶开羽化孔盖从豆粒中逸出。

中国分布：云南，另外曾在上海、重庆发现。

其他地区分布：日本、缅甸、印度、印度尼西亚、沙特阿拉伯、斯里兰卡、塞浦路斯、俄罗斯、埃及、苏丹、阿尔及利亚、埃塞俄比亚、坦桑尼亚、马达加斯加、毛里求斯、南非、澳大利亚、巴西、美国及南欧。

入侵中国的最早记录：1995 年前已在我国出现。

54. 四纹豆象 *Callosobruchus maculatus* Fabricius

分类地位：鞘翅目 Coleoptera，豆象科 Bruchidae

英文名称：Cowpea weevil

其他中文名：无

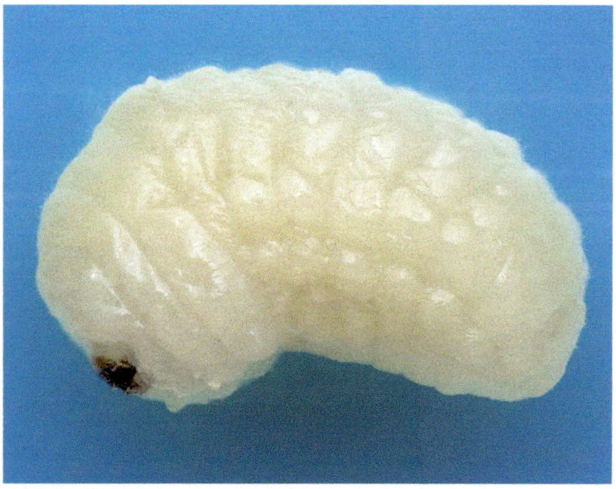

四纹豆象成虫和幼虫（白旭光 摄）

形态特征：成虫体长 2.5~4.0mm，近长卵形至椭圆形，赤褐色至黑褐色，体被金黄色细毛。头部黑色，散布刻点，疏生金黄色毛，中纵线略隆起；复眼近“U”形隆起，凹陷部分宽而深；触角 11 节，略呈锯齿状。前胸背板前缘狭，后缘宽，黑褐色至黑色，散布稀疏刻点，疏生金黄色细毛，后缘中央的瘤状隆起上密生白毛。小盾片方形，上密生白毛。鞘翅长度略大于其宽度，肩胛明显，具 10 条刻点行，刻点较粗深而明显。鞘翅底色黄褐色，一般在鞘翅上有 4 个黑斑纹，2 个在中间较大，2 个在端部，有时肩部还有 2 个小斑。有的雄虫鞘翅上无斑纹。后足腿节腹面有 2 个隆脊，近端各有一齿，外缘齿突大而钝，内缘齿突小而尖。成虫因生活环境不同，有两型：在田间生活的称为活动型，在仓库内生活的称为一般型。两型的色泽和鞘翅斑纹等均有差异。

卵椭圆形，扁平，长 0.60~0.66mm，宽 0.40~0.42mm，淡黄色或乳白色。末龄幼虫体长 3.0~4.6mm，淡黄白色，身体肥胖弯曲呈"C"形。头部除黑色上颚外，其余均白色。额中间两侧各有一近白色的圆点。下唇片 2 条强骨化臂平直，两臂基部外侧各有一清晰的白色圆斑。前胸有 1 对薄的淡黄色背板盾。腹部由 10 节组成。气门颇小，环状，微骨化。足 3 节，无爪，呈退化状。蛹长 3.2~5.0mm，椭圆形，乳白色或淡黄色，体被细毛。头部弯向胸部，口器在前胸基节间。触角弯向第 1、第 2 对胸足后面，伸达鞘翅的 3/4。后足跗节露出鞘翅，直达腹部末节基部。

寄主及危害：为害木豆、鹰嘴豆、菜豆、洋扁豆、大豆、金甲豆、赤豆、绿豆、豇豆及蚕豆等多种豆类植物。在热带地区，可在田间和仓内危害，在温带区主要在仓内进行危害。成虫在仓储的豆粒上产卵，田间产卵于开裂豆荚的豆粒上或嫩荚上。幼虫孵化，钻蛀豆粒内危害。

生物学特性：在广东一年可发生 11~12 代。以成虫或幼虫在豆粒内越冬。成虫在田间或仓内豆粒上产卵，每雌平均产卵 120 多粒，每豆粒上产 1~3 粒，多者达 8 粒。成虫寿命一般不超过 12 天。两性成虫均存在飞翔型和非飞翔型，两者在田间及仓库内可交替繁殖，并在温、湿度和营养条件综合影响下相互转化。

中国分布：台湾、广东、福建、云南、湖南、江西、山东、河南、天津、浙江、湖北、广西、上海等。

其他地区分布：可能原产于西非洲，分布于除南极洲以外的其他各大洲。

入侵中国的最早记录：最早发现于台湾，20 世纪 60 年代初从香港传入内地，1997 年在浙江天台发现。

55. 灰豆象 *Callosobruchus phaseoli* (Gyllenhall)

分类地位：鞘翅目 Coleoptera，豆象科 Bruchidae

英文名称：Dolichos weevil

其他中文名：无

形态特征：成虫体长 2.5~4.0mm。体壁黄褐色至暗红色，被灰黄色及暗褐色毛。触角基部 4~5 节及末节黄褐色，其余节色暗，雄虫触角强锯齿状，雌虫触角锯齿状。前胸背板赤褐色，中区有 2 条暗褐色纵纹，近后缘中央有 2 个并列的瘤突，上面着生白色毛。鞘翅表皮赤褐色，每一鞘翅中部外侧各有 1 个半圆形的暗色大斑，斑内又有淡色纵条纹。鞘翅密被大量淡黄色毛，沿翅缝形成 1 条纵宽带，并在翅的后半部形成 1 条不清晰的横带。臀板红褐色，几乎着生均一的淡黄白毛，暗色斑不清晰或全缺。后足腿节腹面近端部的内缘齿大而尖，雄性外生殖器内阳茎的囊区有 3 对骨化板。卵椭圆形，扁平，

灰豆象成虫（左：白旭光　摄；右：李春喜　摄）

长平均 0.63mm，宽平均 0.37mm。老熟幼虫体长 4~5mm，淡黄白色，体肥胖弯曲呈 “C” 形，足退化。

寄主及危害：为害各种储藏的豆类，如菜豆、扁豆、棉豆、蚕豆、利马豆、鹰嘴豆、豌豆等。以幼虫蛀害豆粒，使豆粒成空壳，失去食用价值，造成巨大损失。

生物学特性：成虫有假死性。卵黏附力强，粘在豆粒表面不易脱落。一粒豆着卵最多达 180 粒。幼虫孵化后咬孔蛀入豆粒，在内蛀食和生长发育，形成隧道，直至老熟。老熟幼虫在豆粒蛀道中做蛹室化蛹，头朝外。豆粒表面可见半透明圆斑，成虫羽化时顶破此圆斑而出，原圆斑成圆孔。

中国分布：广西、广东、云南、浙江、湖北等。

其他地区分布：印度、斯里兰卡、缅甸、日本、美国、夏威夷群岛、古巴、巴西、俄罗斯、英国、西班牙、法国。

入侵中国的最早记录：1998 年在浙江温州某中药材仓库里发现。

56. 皂荚豆象 *Bruchidius dorsalis* (Fahraeus)

分类地位：鞘翅目 Coleoptera，豆象科 Bruchidae

英文名称：Bean weevil

其他中文名：皂角豆象

形态特征：成虫体长 4.5~6.5mm，略呈卵形。头部、前胸背板、鞘翅、触角第 5~11 节、前足及中足基节、后足（腿节除外）、胸、腹部（各腹板后缘除外）均为黑色，其余黄赤褐色。头部着生灰白色毛。触角短，锯齿状。前胸背板略隆起，后端宽，密生淡褐色毛，中央有 1 个近三角形的白毛斑，其两侧有明显隆线。小盾片纵长方形，后缘凹入，着生白毛。鞘翅在小盾片后方沿内线两侧各有纵长白毛斑，白毛斑两侧及后方全部密生淡黄色毛或杂生白色和淡黄褐色毛；鞘翅基部、中部、端部各有 1 个杂生白色和黑色的

皂荚豆象成虫（李春喜 摄）

横带状毛斑，自侧缘几乎伸达内缘；第3~5纵沟纹基端有明显瘤突。臀板大，三角形，着生淡黄色至金黄色毛；雄性臀板末端圆形，与体纵轴近垂直，表面显著隆起，有若干小凹陷；雌性臀板末端较尖，表面近扁平，有1对显著凹陷的无毛黑斑。腹面中央大部分及足密生白色和灰白色毛，腹面两侧的黄白色毛极密，此毛有时在中胸后侧片，后胸前侧片前后缘反侧缘、后足基节侧缘端部和腹部各腹板侧缘端部形成显著毛斑。后足腿节腹面内缘有1端前齿；胫节有纵隆线3条，端部腹面有1个刺突较其余3、4个齿突长、大；第1跗节远长于其余跗节总长。卵初产时淡绿色，长椭圆形。幼虫初孵时体白色，头部红褐色，体乳黄色，短肥而多皱纹，弯曲呈马蹄形。蛹乳黄色。

寄主及危害：皂角、山皂角、槐、谷类、豆类等。以幼虫钻蛀寄主果荚，蛀食种子，果荚受害后不仅早期脱落，而且未熟即腐烂，随后干枯，失去应用价值。被害种子内部被咬成空洞，影响种子发芽和利用。

生物学特性：在辽宁、河南等地一年发生1代，多以成虫在荚果种子内越冬。卵散产于荚果表面及种子附近的凹陷处。幼虫孵化后蛀入种子内食害，在种子内化蛹。羽化的成虫咬破种子及荚果皮后爬出；羽化孔通常呈圆形，边缘整齐。成虫有趋光性和假死性。

中国分布：辽宁、河北、北京、山东、河南、江苏、福建、台湾、广西、贵州、四川、云南、青海、新疆、甘肃、陕西等。

其他地区分布：日本、印度、孟加拉国、缅甸。

入侵中国的最早记录：不详。

57. 巴西豆象 *Zabrotes subfasciatus* Boheman

分类地位：鞘翅目 Coleoptera，豆象科 Bruchidae

英文名称：Mexican bean weevil

其他中文名：墨西哥豆象

巴西豆象成虫（左雌右雄；白旭光 摄）

巴西豆象成虫侧面（李春喜 摄）

形态特征：成虫体长2.0~3.6mm，体呈宽卵圆形。表皮黑色，有光泽，仅触角基部2节、口器、前足、中足胫节端距及后足胫节端距为红褐色。触角节细长。前胸背板宽约为长的1.5倍。小盾片三角形。鞘翅稍呈方行，翅的端部圆。卵扁平，长约0.5mm。老熟幼虫呈菜豆形，乳白色。

寄主及危害：主要为害菜豆、豇豆、红豆、豌豆、扁豆及某些野生豆科植物。以幼虫蛀食豆类种子，对储藏的菜豆和豇豆危害尤其严重。

生物学特性：成虫羽化后即达性成熟，但多在豆粒内停留2~3天才顶开羽化盖爬出活动。雌虫将卵产于豆粒表面，卵牢固地粘在种皮上。产卵量一般为20~50粒，产卵的最适温度为25~30℃。幼虫期和蛹期全部在被害豆粒内完成发育。

中国分布：广东、云南、重庆。

其他地区分布：印度和东南亚、欧洲、非洲、美洲（由美国到智利的各国）等地。

入侵中国的最早记录：1981年在我国云南德宏与缅甸交界地区发现危害。

58. 咖啡豆象 *Araecerus fasciculatus* De Geer

分类地位：鞘翅目 Coleoptera，长角象科 Anthribidae

英文名称：Coffee weevil，Coffee bean weevil

其他中文名：可可长角豆象、短吻暴象

形态特征：成虫体长2~5mm，长椭圆形，暗褐或灰黑色，密生黄褐色细毛。头顶宽扁下倾，喙短而宽。触角细长，11节，末端3节呈叶片棒状，触角棒黑色，两侧不对称，连接松散。前胸背板梯形，宽大于长，前端略呈圆形，后端内侧略凹。小盾片很小，圆形，密生细毛。鞘翅两侧平行，末端圆形；鞘翅上有成行细而密的刻点，表面密生黄褐色细毛，并形成有规则的圆形花斑。雄虫臀板直立，末端圆，腹板末节的长等于前1节；

咖啡豆象成虫（左：白旭光　摄；右：刘丽　摄）

胫节无斑点。雌虫臀板较长，三角形，末端边缘向上弯；腹板末节明显长于前1节，胫节有4个黑色或褐色斑。

寄主及危害： 在我国主要为害玉米、药材、薯干、酒曲、大蒜、稻谷、麦类、高粱等储藏物及麻风树，在其他国家主要为害咖啡豆及棉籽。钻入寄主内部蛀食危害。

生物学特性： 在中国北方一年发生3~4代，四川一年发生4~5代。常以幼虫越冬。成虫在谷粒外生活，以粮粒为食，活泼，善飞能跳，有假死性。卵产于仓内储藏物或田间植物上，每雌产卵11~100粒。产卵时，雌虫先在粮粒一端咬一小孔，然后在孔内产1粒卵。初孵幼虫在粮粒内蛀蚀并逐渐蛀入内部，其后一直在该粮粒中发育，直至成虫羽化爬出。

中国分布： 除华北、东北地区尚未发现外，其他各省份均有发生。

其他地区分布： 分布于全世界，以热带及亚热带地区分布最广。

入侵中国的最早记录： 不详。

59. 红脂大小蠹 *Dendroctonus valens* LeConte

分类地位： 鞘翅目 Coleoptera，小蠹科 Scolytidae

英文名称： Red turpentine beetle

其他中文名： 强大小蠹

形态特征： 成虫体长5.3~9.6mm，雌虫比雄虫稍大。红褐色。头额部具不规则突起，具稀疏黄色绒毛，头盖缝明显。前胸背板近梯形，背板长小于宽，长为宽的0.7倍，前胸前缘中央稍呈弧形凹陷，并密生细短毛。鞘翅长为宽的1.5倍；鞘翅基缘具12个左右锯齿状突起，每鞘翅具8条刻点沟，并在近翅端外交汇。老熟幼虫体长11.8mm，虫体两侧具1列肉瘤，每肉瘤上着生2个黄褐色毛片，毛片上具1根褐色刚毛；虫体末端着生7根短刺。坑道为扇形共同坑，子坑道从母坑道向两侧发展，母坑道长30~65cm、

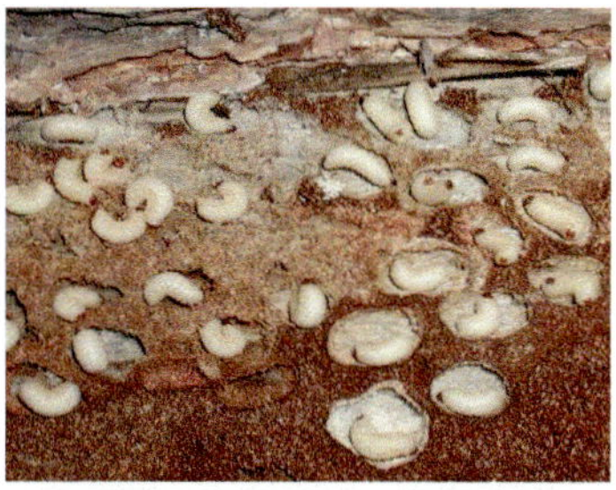

红脂大小蠹成虫（虞国跃　摄）、卵、幼虫和蛹
（张培毅、王玉刚　摄）

红脂大小蠹的侵入孔
（张培毅、周淑芷　摄）

不同阶段和形状的红脂大小蠹坑道（陈海波　摄）

宽 1.5~2.0cm。

寄主及危害：在我国为害油松、白皮松，偶见侵害华山松、云杉。在北美几乎可寄生于松属的所有树种，偶尔为害落叶松属、冷杉属。成虫选择伐后的粗大树桩，或不健康的、受过危害的、胸径在 20cm 以上的松树，蛀入树干的内外树皮到形成层，木质部表面也可被刻食，形成钻蛀坑道。被害树干从侵入孔流出大量松脂。

生物学习性：一年发生 1 代，各种虫态均可在树皮与韧皮部之间越冬，且主要集中在树的根部和基部。产卵成堆，每堆 10~40 枚不等。侵入孔一般在寄主基干部 2m 以下，侵入孔周围出现凝结成漏斗状的流脂和蛀屑的混合物。新侵入孔的凝结块一般为红褐色，湿软，随着时间的推移，凝脂变硬、变干，呈灰褐色。成虫携带共生真菌，可使寄主的抗性降低。

被红脂大小蠹致死的油松（虞国跃 摄）

油松树干基部绑麻布投放磷化铝片熏杀（虞国跃 摄）

性信息素诱杀红脂大小蠹雄成虫（虞国跃 摄）

中国分布：山西、陕西、河南、河北、北京、青海、内蒙古、辽宁。

其他地区分布：原产于北美，包括美国、加拿大、墨西哥、洪都拉斯。

入侵中国的最早记录：1998年9月在山西阳城、沁水首次发现。

红脂大小蠹天敌昆虫郭公虫 *Clerus* sp.（虞国跃 摄）

60. 谷象 *Sitophilus granarius* L.

分类地位：鞘翅目 Coleoptera，象甲科 Curculionidae

英文名称：Grain weevil

其他中文名：铁鼓牛

形态特征：成虫体长2.3~4.7mm，圆筒形，背部相当隆起，栗褐色或黑色，有光泽。体形结构与玉米象近似，惟前胸背板刻点长椭圆形排列颇稀，鞘翅刻点行纹窄，行间光滑，基部和端部无橙黄色斑纹，后翅退化。雄外生殖器半环式，阳茎粗短，扁宽而略弯，

谷象成虫和幼虫（白旭光 摄）

无明显隆脊，也无沟。幼虫外形似玉米象，惟腹部背面第1~4节被横皱纹分为前盾片、盾片和小盾片三部分。腹部各节下侧区中叶有刚毛1根。蛹外形似玉米象，惟腹部背板有小突起4对，上生褐色刺1根，无后翅。

寄主及危害： 食性杂，主要为害小麦、大麦、燕麦、米类、稻谷、玉米、高粱等谷物。成虫啮食谷粒，幼虫蛀食谷粒内部。

生物学特性： 一年一般发生3~4代，主要以成虫越冬。越冬场所主要在仓内的潮湿阴暗处，也可转移到仓库附近的砖瓦石块下、草堆、垃圾堆、杂草根际或树皮下越冬。发生代成虫可活4~5个月。成虫后翅退化，不能飞，只能在仓内繁殖。产卵时，成虫先在粮粒上凿一卵窝，然后在窝内产一粒卵，并用分泌液封闭窝口。幼虫孵化后即在粮粒内蛀蚀和发育，直至成虫羽化。

中国分布： 新疆、甘肃、陕西、黑龙江、山东、四川、河南、河北、江苏、吉林、辽宁等。

其他地区分布： 印度、欧洲大部分地区、美国、澳大利亚等。

入侵中国的最早记录： 1954年之前已传入新疆。

61. 米象 *Sitophilus oryzae* (L.)

分类地位： 鞘翅目 Coleoptera，象甲科 Curculionidae

英文名称： Rice weevil

其他中文名： 蛘子

形态特征： 成虫体长2.9~4.2mm。体暗褐色，鞘翅常有4个橙红色椭圆形斑。喙长，除端部外，密被细刻点。触角位于喙基部之前，柄节长，索节6节，触角棒节间缝不明显。前胸背板前端缩窄，后端约等于鞘翅之宽，背面刻点圆形，沿中线刻点多于20个。鞘翅行间窄于行纹刻点。前胸和鞘翅刻点上均有一短鳞毛。后翅发达，能飞。雄虫阳茎

米象成虫和幼虫（白旭光 摄）

背面有两纵沟，雌虫“Y”形骨片两臂较尖。

寄主及危害： 成虫、幼虫均可蛀食玉米、稻米、小麦、高粱、面粉等各种谷物，导致谷物重量损失和品质下降，并为其他病虫繁衍创造条件，造成更大损失。可在田间危害。

生物学特性： 一年发生 1 代至数代，因地区不同而异。既能在仓内繁殖，也能飞到田间繁殖。主要以成虫潜伏在仓内阴暗潮湿的砖石缝中越冬，也可在仓外松土、树皮、田埂边越冬。翌年，仓内越冬的成虫就地继续产卵繁殖，仓外越冬的成虫一部分迁入仓内，另一部分飞至大田，产卵于麦穗上。成虫产卵时，用喙啃食粮粒，形成卵窝，将卵产在其中，后分泌黏液封口。雌虫繁殖力强，平均产卵约 500 粒。

中国分布： 主要分布在广东、广西、云南、贵州、四川、江西、福建、湖南、内蒙古。

其他地区分布： 分布于亚洲、欧洲、非洲、大洋洲、美洲的 50 多个国家和地区。

入侵中国的最早记录： 1956 年之前。

62. 杨干象 *Cryptorhynchus lapathi* L.

分类地位： 鞘翅目 Coleoptera，象甲科 Curculionidae

英文名称： Poplar and willow weevil，Osier weevil

其他中文名： 杨干隐喙象，杨干象虫，杨干白尾象虫，杨干象甲，白尾象鼻虫

形态特征： 成虫长椭圆形，黑褐色或棕褐色，无光泽。体长 7.0~9.5mm。全体密被灰褐色鳞片，其间散布白色鳞片形成若干不规则的横带。前胸背板两侧、鞘翅后端 1/3 处及腿节上的白色鳞片较密，并混杂直立的黑色鳞片簇。鳞片簇在喙基部着生 1 对，在胸前背板前方着生 2 个，后方着生 3 个，在鞘翅上分列于第 2 及第 4 条刻点沟的列间部着生 6 个。喙弯曲，中央具 1 条纵隆线。前胸背板两侧近圆形，前端极窄，中央具 1 条

杨干象成虫（刘曦　摄）

杨干象幼虫（虞国跃　摄）

杨干象危害状（虞国跃　摄）

杨干象危害造成杨干风折（虞国跃　摄）

细纵隆线。复眼圆形，黑色。触角 9 节呈膝状，棕褐色。鞘翅于后端的 1/3 处向后倾斜，并逐渐缢缩，形成 1 个三角形斜面。

卵椭圆形，长 1.3mm，宽 0.8mm。老熟幼虫体长 9.0~13.0mm，胴部弯曲呈马蹄形，乳白色，全体疏生黄色短毛。头部黄褐色，上颚黑褐色，下颚及下唇须黄褐色。头顶有一倒"Y"形蜕裂线。无侧单眼。头部前端两侧各有 1 根小的触角。额唇基沟完整，唇基沟为弧形。唇基梯形，表面光滑，上唇横椭圆形，前缘中央具 2 对刚毛；侧缘各具 3 个粗刚毛，背面有 3 对刺毛；内唇前缘有 2 对小齿，两侧有 3 个小齿，中央有"Y"形硬化褐色纹。其前方有 3 对小齿，最前方的 1 对较小，上颚内缘有一钝齿。下颚叶片细长，先端内侧有粗刺并列。下颚须及下唇须均为 2 节。前胸具 1 对黄色硬皮板。中、后胸各由 2 小节组成。腹部 1~7 节由 3 小节组成，胸部侧板及腹部隆起。胸足退化，在足痕处有数根黄毛。气门黄褐色。蛹乳白色，长 8.0~9.0mm。腹部背面散生许多小刺，在前胸背板上有数个突出的刺。腹部末端具 1 对向内弯曲的褐色几丁质小钩。

寄主及危害：主要为害杨柳科植物的幼树，致使造林成活率和保存率低，树木难以成林成材。幼虫危害时，先在韧皮部和木质部之间蛀食，后蛀成圆形坑道，蛀孔处的树皮常裂开呈刀砍状，部分掉落而形成伤疤。

生物学特性：一年发生 1 代，以卵或 1 龄幼虫在寄主枝干上越冬。成虫到嫩枝条或叶片上补充营养，形成针刺状小孔。卵多产在树干 2m 以下的叶痕、枝痕、树皮裂缝、棱角、皮孔处，每雌一次产卵 1 粒，平均卵量 44 粒，产卵期平均 36.5 天。当年孵化的幼虫咬破卵室，不取食，在原处越冬；部分后期产下的卵不孵化，在卵室内越冬。

中国分布：黑龙江、吉林、辽宁、内蒙古、河北、陕西、新疆、山西、北京、甘肃。

其他地区分布：日本、朝鲜、土耳其、匈牙利、捷克、斯洛伐克、德国、英国、意大利、波兰、法国、西班牙、荷兰、加拿大、美国。

入侵中国的最早记录：1953 年在黑龙江发现为害杨树。

63. 褐纹甘蔗象 *Rhabdoscelus lineaticollis* (Heller)

分类地位：鞘翅目 Coleoptera，象甲科 Curculionidae

英文名称：Asiatic palm weevil

其他中文名：亚洲棕榈象鼻虫

褐纹甘蔗象成虫

（曾玲 摄）

棕榈科植物茎干被褐纹甘蔗象为害后出现的流胶

（曾玲 摄）

褐纹甘蔗象蛹茧和蛹

（曾玲 摄）

褐纹甘蔗象幼虫及为害后形成的孔洞和虫道

（曾玲 摄）

形态特征：成虫体长约 15mm，宽约 5mm。体赭红色，具黑褐色和黄褐色纵纹。前胸背板基部略呈圆形，背面略平，具 1 条明显的黑色中央纵纹，该纵纹在基部 1/2 扩宽，中间具有一明显的黄褐色纵纹。小盾片黑色，长舌状。鞘翅赭红色，臀板外露，具明显深刻点，端部中间刚毛组成脊状。足细长，跗节 4 退化，隐藏于跗节 3 中，跗节 3 二叶状，显著宽于其他各节。幼虫体长 15~20mm。无足，略呈纺锤形，腹部中央突出；头部呈红棕色，椭圆形，上颚红棕色；前胸背板呈淡黄褐色；胴部为乳白色。蛹长约 13mm，宽 6mm，体呈土黄色略带白色，具赭红色瘤突；腿节末端外部有突刺，较体色略暗。卵长 1.5mm，宽 0.5mm，乳白色，香蕉形。

寄主及危害：寄主为多种棕榈科经济或观赏植物，如椰子、西谷椰子、大王椰子、华盛顿椰子、槟榔、假槟榔、海枣、刺葵、散尾葵、蒲葵等。主要以幼虫钻蛀棕榈科植物及甘蔗等的叶鞘和茎干危害，造成大量纵横交错的孔洞及虫道。棕榈科植物受害茎干表面常出现流胶，较重时叶片逐渐枯黄，严重时导致植株枯萎、死亡，降低景观价值。甘蔗茎干被蛀后常枯死。对我国南方的椰子和棕榈苗木生产、制糖业威胁严重。

生物学特性：在日本冲绳一年发生 1 代。主要以老熟幼虫和成虫越冬。成虫遇惊吓有假死现象。卵产于椰子或甘蔗茎干内或叶鞘内，有时也产卵于叶脉间。幼虫孵化后在产卵部位以隧道式钻蛀危害，老熟幼虫在宿存叶鞘与茎干间以危害后的纤维包裹作茧化蛹。在 25℃下，从卵发育至羽化需 48~87 天。成虫寿命和产卵期长达数月。

中国分布：广东、云南、广西、福建、台湾。

其他地区分布：该虫原分布区域狭小，仅在菲律宾等地，后传入日本冲绳、中国。

入侵中国的最早记录：1997 年传入我国台湾中西部的彰化县田尾乡，2002 年在广东佛山发现。

64. 稻水象甲 *Lissorhoptrus oryzophilus* Kuschel

分类地位：鞘翅目 Coleoptera，象甲科 Curculionidae

英文名称：Rice water weevil，Root-maggot

其他中文名：稻水象

形态特征：成虫体长 2.5~3.8mm（不含管状喙）。体褐色，密被相互连接的灰色鳞片。前胸背板和鞘翅的中区无鳞片，呈黑褐色或暗褐色斑。触角膝状，红褐色，着生于喙中央之前，柄节棒形。喙与前胸背板约等长，略弯，近扁圆筒形。前胸背板宽略大于长，两侧近直，前端稍收缩，小盾片不明显；鞘翅明显具肩。腿节棒形，无齿；胫节细长弯曲，中足胫节两侧各有 1 排长的梳状泳毛。卵圆柱形，长约 0.8mm，珍珠白色，在叶鞘内侧组织沿叶脉方向纵排分散，其他部位较少。老熟幼虫体长约 10mm，白色无足，头黄褐色；腹部第 2~7 节背面有成对向前的钩状气门，体呈新月形。茧大小和形状似绿豆，幼虫在茧内化蛹。蛹长约 3mm，白色，形状近似成虫。

稻水象甲成虫

（陈婷 摄）

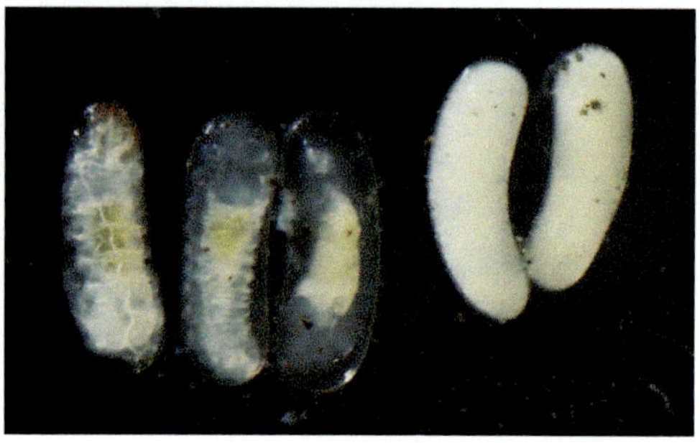

处于不同发育阶段的稻水象甲卵粒

（蒋明星 摄）

稻水象甲幼虫

（周长青 摄）

被稻水象甲成虫啃食后的水稻叶片（虞国跃 摄）

幼虫为害稻根

（周长青 摄）

成虫危害状（周长青 摄）

水稻被幼虫为害后，生长不良（周长青 摄）

寄主及危害：寄主种类多，但主要为害水稻。繁殖力强，成虫沿稻叶叶脉正面啃食叶肉，保留下表皮，形成长短不一的细长条白斑。幼虫在稻根附近活动，啃食稻根，造成断根，使稻株生长不良，分蘖数减少，稻谷千粒重下降，导致产量损失。

生物学特性：我国各地稻水象甲均营孤雌生殖，无雄虫。属半水生昆虫，成虫有趋光性、假死性。在双季稻区一年发生 2 代，第一代产生危害，第二代危害相对较轻。卵多产于浸水的叶鞘内。初孵幼虫仅在叶鞘内取食，后转移到根部取食。在稻根上结茧化蛹。成虫主要在田边坡地、田埂、沟渠等场所的土表、土缝中越冬，越冬场所通常为禾本科植物生长较茂密的区域。

中国分布：北京、天津、内蒙古、宁夏、陕西、山西、辽宁、吉林、黑龙江、河北、河南、山东、安徽、浙江、福建、江西、湖南、湖北、贵州、四川、重庆、云南、广东、广西、新疆、台湾。

其他地区分布：美国、加拿大、墨西哥、日本、韩国、朝鲜、印度、古巴、多米尼加、哥伦比亚、苏里南、委内瑞拉、意大利。

入侵中国的最早记录：1988 年首先发现于河北唐海。

65. 甘薯小象甲 *Cylas formicarius* (Fabricius)

分类地位：鞘翅目 Coleoptera，三锥象甲科 Brentidae

英文名称：Sweetpotato weevil

其他中文名：甘薯蚁象甲，甘薯象，蚁象，甘薯臭洞虫，甘薯小象虫

甘薯小象甲成虫、幼虫和蛹（齐国君　摄）

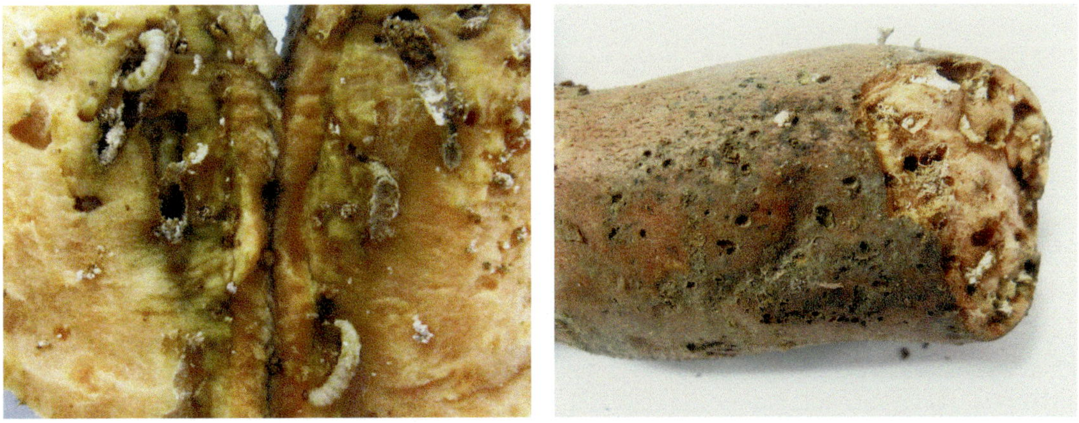

甘薯小象甲危害状（蔡波　摄）

形态特征：成虫体长 4.8~7.9mm，体细长如蚁，除触角末节、前胸和足为橘红色外，其余均呈蓝黑色的金属光泽。头部的喙细长，状如象鼻，咀嚼式口器着生于喙的末端。触角 10 节呈膝状，雄虫触角末节呈棍棒状，雌虫则呈长卵状。前胸长为宽的 2 倍，后部 1/3 处缩入如颈状。鞘翅明显隆起，表面具不明显纵纹和小刻点。足细长，红褐色，

腿节末端膨大。卵椭圆形，长约0.65mm，初时为乳白色，后呈淡黄色，表面有小刻点。幼虫白色无足，头部褐色；体近圆筒形，两端略小，向腹面稍弯曲；老熟幼虫体长5.0~8.5mm，近圆筒形，胸腹部乳白色，体表具稀疏白细毛。蛹椭圆形，长4.7~5.8mm，初期乳白色，渐变黄色，腹部各节近后缘处有细毛1列，尾端有1对向侧下方弯曲的臀突。

寄主及危害：已知寄主有30多种，大部分属于旋花科植物，包括甘薯及小牵牛属、菟丝子属、鱼黄草属、马蹄金属、打碗花属和腺叶藤属的种类。成虫和幼虫均能危害：成虫咬食茎、叶柄、幼芽、外露薯块和储藏薯块，影响寄主正常生长；幼虫从裂缝爬入畦土中，在薯块和粗蔓内部蛀食，被害薯块蛀成许多不规则的弯曲隧道，不仅影响薯块发育，隧道内的排泄物还易引发病原菌侵染，导致黑斑病、软腐病等使薯块腐烂变质，失去食用价值。

生物学特性：在云南一年发生9代，广东6~8代，浙江3~4代，世代重叠明显。无明显生理滞育期，7~10月危害最严重。主要以成虫在田间、储藏薯块中及茎、叶、土缝等隐蔽处越冬，其他虫态也可在薯块、薯蔓内越冬。成虫飞翔力弱，怕直射日光，有假死性。卵多散产于薯块的皮层下，其次是较粗的薯蔓上。每头雌虫产卵30~200粒。老熟幼虫在钻蛀的隧道末端近皮层处化蛹。

中国分布：福建、广东、广西、贵州、湖南、江苏、江西、台湾、云南、浙江、四川、重庆、海南。

其他地区分布：印度、马来西亚。

入侵中国的最早记录：20世纪50年代初已是浙江南部沿海地区甘薯的首要害虫，何时传入我国不详。

66. 香蕉球茎象甲 *Cosmopolites sordidus* (Germar)

分类地位：鞘翅目 Coleoptera，象甲科 Curculionidae

英文名称：Banana corm weevil

其他中文名：香蕉根颈象甲，香蕉蛀基象甲，香蕉象鼻虫

形态特征：成虫体长9~13mm，宽4.0~4.5mm，体黑色或黑褐色，圆筒形，具蜡质光泽，密布刻点。触角膝状，着生处特别膨大，向两端渐狭。前胸背板中央具1条光滑无刻点的直带纹。鞘翅粗糙，上有9条明显的纵沟及刻点。腹部末端露出鞘翅外，背板略向下弯，并密生灰黄褐色绒毛。卵乳白色，长椭圆形，长1.8~2.2mm，表面光滑。老龄幼虫体长14~16mm，乳黄色，头赤褐色，无足，体多横皱，腹中部肥大。蛹乳白渐变乳黄至黄褐色，长11~13mm。前胸背板有12条同色刚毛，每2条并立，分生于前胸背板的前缘、前缘角侧面、背板中央及后角近侧方处。

寄主及危害：是香蕉的主要害虫之一，并零星为害甘蔗及水芋。主要以幼虫蛀食香蕉植株近地面的茎基部和根茎，形成纵横交错的蛀道，阻碍养分向上输送。植株受害后，

香蕉球茎象甲成虫（尹炯 摄）

在香蕉茎基部活动的成虫（尹炯 摄）

香蕉球茎象甲卵（尹炯 摄）

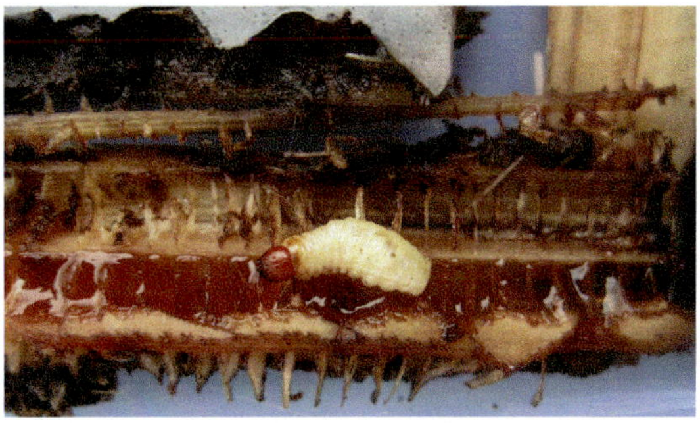

香蕉球茎象甲幼虫（尹炯 摄）

香蕉球茎象甲蛹（尹炯 摄）

香蕉植株被害状（尹炯 摄）

叶片变黄、枯萎，长势衰弱，不能抽穗或果穗、果指瘦小，严重时根茎变黑腐烂，遇大风易倒伏。

生物学特性： 在海南一年通常发生4代，少数5代，世代重叠明显。从卵到成虫历期30~40天。成虫寿命长，多数能活1年以上，喜隐蔽，多在夜间活动，飞行能力弱。雄虫喜低湿环境，而雌虫较喜高湿环境。喜在花期香蕉、收获后的残留物（新鲜或腐烂的香蕉假茎等）上产卵。卵单产于叶鞘或根茎表面。产卵量很低，通常1周只产数粒卵。

中国分布： 广东、广西、云南、海南、福建、贵州、台湾。

其他地区分布： 几乎遍及亚洲、北美洲、南美洲、非洲、大洋洲的各香蕉种植国。

入侵中国的最早记录： 1909年在台湾发现，入侵大陆时间不详。

67. 芒果果实象甲 *Sternochetus olivieri* (Faust)

分类地位：鞘翅目 Coleoptera，象甲科 Curculionidae
英文名称：Mango fruit weevil
其他中文名：云南果核芒果象

芒果果实象甲成虫（张文俊 提供）

形态特征：成虫体长 7.0~8.5mm，体黑色，被锈赤色、黑褐色和白色鳞片。头部额中央有窝。触角棒节端部尖细，节间不明显，密被绵毛。前胸背板散布不规则粗大皱刻点，中隆线显著，其前缘和中部两侧各有 1 对乳状黑色鳞片丛，中部 1 对更显著。鞘翅奇数行间较隆，每行间各具 1 行小瘤，鞘翅前缘有一较宽斜带，后端有一直带明显。腹部第 2~4 节各具两排刻点。足胫节较长且粗大。卵长椭圆形，初期乳白色，后期黄褐色，卵壳表面有由 4~6 边形组成的网纹。低龄幼虫乳白色，老龄呈银灰色，头黄褐色；无趾钩，但具刚毛 1~2 根。蛹黄白色，腹末有 1 对短而尖的臀刺。

寄主及危害：以幼虫钻蛀取食果核危害。被害果实发育不良，果核被蛀空而丧失发芽能力，品质下降，产量受损。一般不为害果肉。

生物学特性：在云南每年发生 1 代，以成虫在果园内隐蔽处及果核内越冬。成虫有假死性，喜湿润而不甚潮湿或干燥的环境，日间避强光，多隐蔽在花序果枝或叶背的背光处，傍晚以后开始飞行和活动，午夜以后活动减少。成虫取食植株的幼嫩部分，如花、果座、嫩梢、嫩叶、幼果肉和子叶及幼苗茎干的皮层等。卵产于幼果表皮内，在果核内化蛹和羽化，成虫在果实成熟腐烂后才爬出转移。

中国分布：云南、四川、广西。

其他地区分布：孟加拉国、印度、印度尼西亚、马来西亚、巴基斯坦、泰国、菲律宾、缅甸、巴布亚新几内亚、柬埔寨、越南、加蓬、马达加斯加、毛里求斯等。

入侵中国的最早记录：可能是 1914 年从泰国清迈引进芒果而带入云南，1959 年后发生危害时才受到关注。

68. 芒果果肉象甲 *Sternochetus frigidus* (Fabricius)

分类地位：鞘翅目 Coleoptera，象甲科 Curculionidae

英文名称：Mango pulp weevil

其他中文名：芒果果肉象

芒果果肉象甲成虫（刘冰洋　摄）

形态特征：成虫体长约6mm，宽约3mm，长椭圆形，黑褐色。头部短小，复眼深黑色，有光泽。喙长1.5mm，黑褐色，向下弯曲。触角11节，第1节较长，第3~7节圆形，第8节以后膨大呈纺锤形。鞘翅两侧各有深黑色的刻点形成10条纵沟，臀前区有一黄斑，呈倒“八”字形。卵长椭圆形，乳白色。幼虫头部黄褐色，胴部乳白色，胸足退化成小突起，无趾，仅有一刚毛状物，共5龄。蛹乳白色，后期变米黄色，腹部末端有尾刺1对。

寄主及危害：芒果。以幼虫蛀食果肉，蛀道纵横交错，隧道内填满黑色粪便，使果内充满虫粪及黑褐色粉状物，不能食用，对芒果生产影响极大。

生物学特性：在云南一年发生1代。以成虫在芒果树的断枝头、树皮裂缝、树洞等部位的干腐组织内和茂密的地衣下面越冬。卵多产于幼果的尖端，散产，一个幼果上通常产1~3粒。成虫具假死性，白天静伏在枝叶背面，晚上取食和交尾。

中国分布：云南。

其他地区分布：孟加拉国、印度、印度尼西亚、马来西亚、巴基斯坦、泰国、菲律宾、缅甸、巴布亚新几内亚。

入侵中国的最早记录：20世纪70年代传入云南。

69. 芒果果核象甲 *Sternochetus mangiferae* Fabricius

分类地位：鞘翅目 Coleoptera，象甲科 Curculionidae

英文名称：Mango seed weevil

其他中文名：印度果核象，芒果隐喙象甲

芒果果核象甲成虫（张文俊　提供）

形态特征：体长约 8mm，宽约 4mm，体黑褐，被有锈赤红色、黑褐色和白色鳞片。前胸背板散布不规则的粗皱刻点，中隆线很明显。卵圆筒形，乳白色，长 0.8mm，宽 0.4mm，有一端较小而向内弯。

寄主及危害：芒果。主要以其幼虫蛀食芒果果核的子叶部分，一虫一果蛀食危害，致使果实发育不良，果核被蛀空丧失发芽能力，造成品质下降，产量受损。

生物学特性：在云南一年发生 1 代。以成虫在枝干裂缝及果核内越冬。卵产于外果皮中，一般在 1 个幼果仅产卵 1 粒，幼虫孵化后钻入果内取食种仁，并在果核内化蛹和羽化，直到果实成熟腐烂后才爬出转移。成虫隐藏在树皮缝中等处进入滞育，直到下一个生长季节。4 月下旬至 5 月中旬是危害高峰期。

中国分布：云南。

其他地区分布：越南、柬埔寨、缅甸、孟加拉国、印度、斯里兰卡、巴基斯坦、菲律宾、马来西亚、印度尼西亚、尼泊尔、阿曼、不丹、阿联酋、斐济、澳大利亚、加蓬、马达加斯加、毛里求斯、莫桑比克、南非、赞比亚、坦桑尼亚、肯尼亚、乌干达、加纳、尼日利亚、美国。

入侵中国的最早记录：20 世纪 70 年代传入云南。

70. 红棕象甲 *Rhynchophorus ferrugineus* (Olivier)

分类地位：鞘翅目 Coleoptera，象甲科 Curculionidae

英文名称：Red palm weevil，Asian palm weevil，Indian palm weevil

其他中文名：锈色棕榈象，棕榈象甲，椰子隐喙象，椰子甲虫，亚洲棕榈象甲，印度红棕象甲

形态特征：成虫红褐色，体壁坚硬，体长 30~34mm，头部延长呈管状，咀嚼式口器着生于头管前端；触角膝状，端部数节膨大，着生于头管前部侧端。卵长圆形，头端暗红色。幼虫体肥胖且弯曲，无足，老熟幼虫体长 50~60mm，蛹为离蛹。

红棕象甲成虫
（虞国跃　摄）

红棕象甲幼虫
（左：虞国跃　摄；右：海南考察组　提供）

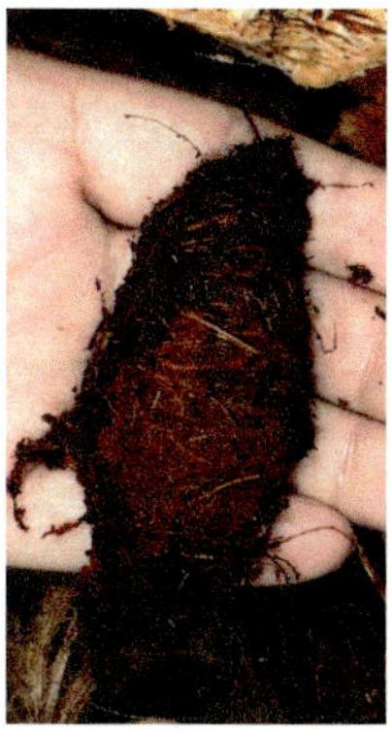

红棕象甲蛹茧
（虞国跃　摄）

被红棕象甲为害致死的椰子树（海南考察组　提供）

红棕象甲对椰子叶的危害状（虞国跃　摄）

寄主及危害：寄主植物为椰子、油棕、枣椰、糖棕、甘蔗、龙舌兰等。幼虫钻进树干内部，取食植株的柔软组织，使树干成仅残留破碎纤维的空壳。茎干顶端渐次变细，叶色变黄，树冠缩小，生长势衰弱，受害严重的可导致植株死亡。

生物学特性：雌虫每次产卵百粒。幼虫期为 14~28 天，刚羽化成虫先在蛹茧内停留 8~14 天后才会钻出取食，并繁殖下一代。每年 4~10 月为虫害盛期，幼虫孵出后即从伤口或生长点侵入。成虫具有迁飞性、群居性、假死性，常在晨间或傍晚出来活动。

中国分布：海南、广西、广东、台湾、香港、浙江、福建、贵州、重庆、上海、四川、江西、云南、西藏（墨脱）。

其他地区分布：亚洲、非洲、美洲、欧洲、大洋洲的 50 多个国家和地区。

入侵中国的最早记录：1997 年广东中山棕榈苗圃发现红棕象甲危害。

71. 黑森瘿蚊 *Mayetiola destructor* (Say)

分类地位：双翅目 Diptera，瘿蚊科 Cecidomyiidae

英文名称：Hessian fly，Barley midge

其他中文名：黑森麦秆蝇，小麦瘿蚊，黑森蝇，小麦瘿蝇

黑森瘿蚊雌成虫（陆平、张皓　摄）

黑森瘿蚊卵（张皓　摄）

黑森瘿蚊 2 龄幼虫（张皓　摄）

黑森瘿蚊蛹（右图示麦苗茎基部叶鞘内；陆平、张皓　摄）

黑森瘿蚊危害状：深色为受害株（张皓、陆平　摄）

被黑森瘿蚊为害的麦苗：植株矮小、不能拔节（陆平、张皓　摄）

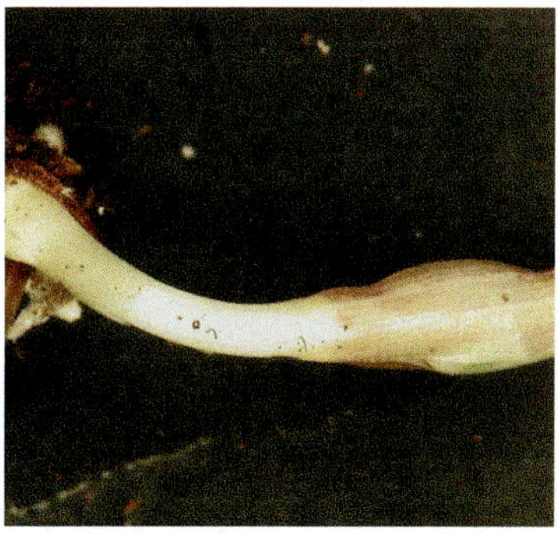

被黑森瘿蚊为害的麦苗：基部肿胀（张皓　摄）

形态特征： 成虫形似蚊，体长3.0~4.0mm，头、复眼和胸部背面黑色，胸侧和腹部黄褐色或红褐色。雌虫触角16~18节，以17节较多，雄虫17~20节。翅脉简单，R_1脉与翅前缘中部相接，Rs脉发达，纵贯翅全部。Cu脉分叉处、Cu_2脉与后缘相接处与R_1脉末端三者几乎在一直线上。平衡棒发达，淡红色，覆不均匀黑色鳞片。足细长，跗节5节，第1节最短，第2节最长，第5节近末端具1对爪，弯曲细长，两爪间有一爪间突，有爪垫1个，长于爪，雌、雄爪均单一无齿。卵长圆柱形，长0.4~0.5mm。初产时透明，有红色斑点，后变为红褐色。幼虫共3龄，体由13节组成，前端较钝，后端较尖。前胸腹面后缘生一胸叉（剑骨片）。1龄幼虫体长0.6~1.7mm，初孵时红色，4~5天后变黄白色；2龄体长1.7~4.0mm，白色，体背中央可见浅绿色纵带，为消化道中的食物；3龄幼虫在2龄的蜕中发育至蛹期。围蛹颜色深浅不一，黄褐色至栗褐色，形似亚麻籽，前端小，钝圆，后端大，具凹缘。雌蛹长约4mm，雄蛹稍小，头前面可见1对短毛，头后方和前胸前缘部位有1对呼吸管。

寄主及危害： 寄主有小麦、大麦、黑麦、梯牧草、匍匐龙牙草及冰草属、燕麦属和山羊草属等。黑森瘿蚊在小麦不同生育期的危害状不同。在冬麦、春麦苗期，幼虫在表土下的茎秆上取食，受害幼苗生长受阻，株形矮小，叶片变厚且脆，有的心叶不能抽出，不能拔节。受害麦株基部出现肿胀，为害严重时，幼苗大量死亡，造成缺苗断垄。在返青、拔节期，幼虫多位于麦株基部各节间，引起茎秆节间短缩，局部萎缩变褐，逐渐向有虫一侧弯曲，最终呈祈祷状弯倒。在春麦成熟期，受害株矮小，不及正常株高的1/2，抽出的麦穗、麦芒常弯曲，甚至与部分叶片扭在一起，麦穗畸形，籽粒空瘪。

生物学特性：在不同地区每年可发生1~5代，以末龄幼虫在围蛹内越冬。翌年春小麦生长时，幼虫在围蛹内发育为蛹。雌虫产卵250~300粒，成虫寿命不超过4天。卵产于叶正面脉沟中，纵向排列，如量大，常多粒首尾相接成串，似小麦锈病斑点。幼虫孵出后即沿叶脉沟爬行到叶鞘基部为害，直至小麦抽穗前形成围蛹。

中国分布：新疆。

其他地区分布：目前遍布欧洲、北美、北非及中亚等世界各地麦区。

入侵中国的最早记录：1975年在新疆伊犁霍城首次发现。

72. 刺槐叶瘿蚊 *Obolodiplosis robiniae* (Haldemann)

分类地位：双翅目 Diptera，瘿蚊科 Cecidomyiidae

英文名称：Locust gall midge，Black locust gall midge

其他中文名：无

刺槐叶瘿蚊成虫
（虞国跃　摄）

刺槐叶瘿蚊交配对及蛹壳
（虞国跃　摄）

刺槐叶瘿蚊幼虫和蛹
（虞国跃　摄）

形态特征：成虫的体色、大小和形态特征与按蚊成虫十分相似。雌虫体长3.2~3.8mm；触角丝状，14节，鞭节各小节长圆柱形，中部稍缢缩；各小节上均有2圈长刚毛，基部1圈明显长于近端部的1圈，但均比雄虫触角上的短。复眼大，几乎占据头顶大部分区域。胸部背面有3个长形大黑纵斑，侧面2个黑斑向后延伸至胸部后缘，中部的黑斑仅后伸至胸中部。前翅发达，翅面黑色绒毛很密，翅面仅具3条纵脉；后翅特化成平衡棒，棒端部显著膨大，呈橘红色。腹部橘红色，明显比雄性粗壮，腹末稍尖，生殖器不外露。足细长，均显著长于体。雄与雌相似，但体较小，体长2.7~3.0mm，触角26节，鞭节各节为球形和中部缢缩成倒葫芦形的小节相间排列，球形与倒葫芦形小节上均有1圈长刚毛，刚毛中间混生有环状毛，倒葫芦状的小节基端小球形突上还有1圈环状毛。腹部背面黑褐色，具浅色而较密的细毛；外生殖器显著膨大而外露于腹末；肛尾叶大，近分开；肛下板特化成

2 个近圆形的叶状突，将阳茎包围；生殖刺突长而显著，长于其基部的生殖突基节；中基叶缺如。卵长卵圆形，淡褐红色，半透明，长 0.27mm，宽 0.07mm。幼虫体长 2.8~3.6mm，纺锤形至长椭圆形，乳白色至淡黄色；前胸腹面中央具一叉形褐色剑骨片；幼虫的 9 对气门分别着生于前胸和腹部 1~8 节的背面两侧。蛹体长 2.6~2.8mm，淡橘黄色，翅、足等附肢粘连，位于蛹体腹面，但与蛹体分离，下伸达蛹体长的 3/4 处；腹部第 2~8 节背面各基部具一横排褐色刺突；头顶两侧各具 1 个深褐色的长刺，直立而伸出于头顶。

被刺槐叶瘿蚊广腹细蜂 *Platygaster robiniae* 寄生的刺槐瘿蚊幼虫（虞国跃　摄）

刺槐叶背的刺槐叶瘿蚊伪虫瘿（虞国跃　摄）

寄主及危害：以刺槐为寄主。卵散产于刺槐小叶叶片背面，幼虫孵化后聚集到叶片背面沿叶缘取食，刺激叶片组织增生肿大，导致叶片沿侧缘向背面纵向皱卷形成虫瘿，幼虫隐藏其中取食危害。由于叶片受损，严重阻碍和影响树木的光合作用，导致树势迅速衰弱直至死亡。

生物学特性：发育快，一般在夏季 15 天左右即可完成一代。卵散产于叶片背面。

中国分布：山东、河北、北京、吉林、辽宁、甘肃、陕西、天津。

其他地区分布：日本、韩国、美国、加拿大、阿尔巴尼亚、奥地利、波黑、克罗地亚、捷克、丹麦、法国、德国、希腊、匈牙利、意大利、立陶宛、卢森堡、北马其顿、荷兰、波兰、罗马尼亚、俄罗斯、塞尔维亚、斯洛伐克、斯洛文尼亚、瑞典、瑞士、英国、乌克兰。

入侵中国的最早记录：2004 年在河北秦皇岛首次发现。

73. 高粱瘿蚊 *Contarinia sorghicola* (Coquillett)

分类地位：双翅目 Diptera，瘿蚊科 Cecidomyiidae

英文名称：Sorghum midge

其他中文名：高粱瘿蝇

形态特征：成虫体细小，长约 2.0mm，全体黄褐色至橘红色。雄虫触角长与体相等，雌虫触角仅为体长的 1/2。体节 14，雌虫 3~14 节间略收缩，各节具不成轮的鬃，其端

高粱瘿蚊成虫（Pat Porter 提供）

部收缩成短柄。雄虫 3~14 节的节间之前缢缩，缢缩部分的端部长度与每节基部的粗度相等，且每节增粗部分有一轮鬃。中胸背板中央和穿过侧板并在腹板扩大的 1 个斑点呈黑色。翅灰色透明，臀脉位于翅中间之前，长达前缘脉；肘脉 1 条近平直，终止在翅下方。中脉 2 于翅中间前方分叉，其前叉中止在后叉端部与肘脉一端部中间。雄虫触角较雌虫长。雌虫较雄体大，具细毛状产卵管，长于体。卵浅粉红色至黄色，长 0.15mm。末龄幼虫体长 1.5mm，宽 0.5mm，深红色，圆筒形，两端尖，胸叉骨明显。围蛹椭圆形，扁，泥褐色。

寄主及危害：主要为害高粱属植物，如高粱、甜高粱、帚高粱、假高粱、苏丹草。幼虫取食正在发育的幼胚汁液，造成瘪粒、秕粒，影响产量和质量。高粱粒子房受害严重时，整穗果实干瘪。

生物学特性：卵产于寄主植物茎秆、叶柄、主脉、枝条等组织内，以产卵器刺破表皮成月牙形伤口，产卵 6~12 粒于其中；卵排列整齐，产卵处的植物表皮呈肾形突起。每雌可产卵 30~70 粒。以幼虫越冬。

中国分布：台湾。

其他地区分布：印度尼西亚、意大利、冈比亚、加纳、尼日利亚、苏丹、埃塞俄比亚、索马里、肯尼亚、乌干达、坦桑尼亚、刚果民主共和国、赞比亚、马拉维、南非、澳大利亚、美国、墨西哥、波多黎各、委内瑞拉、特立尼达和多巴哥，巴巴多斯、安提瓜岛、圣文森特岛、库拉索岛、维尔京群岛地区及太平洋岛屿。

入侵中国的最早记录：不详。

74. 番茄斑潜蝇 *Liriomyza bryoniae* (Kaltenbach)

分类地位：双翅目 Diptera，潜蝇科 Agromyzidae

英文名称：Tomato leaf miner，Melon leaf miner

其他中文名：瓜斑潜蝇

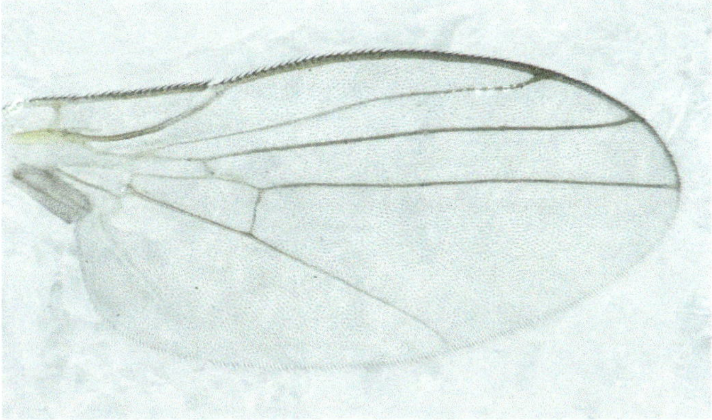

番茄斑潜蝇成虫及其翅（刘万学　提供）

番茄斑潜蝇头胸部背面

（示胸部背板的内外顶鬃均着生于黄色区域；刘万学　提供）

形态特征：成虫体长雌虫2.8mm，雄虫2.0mm，除复眼、单眼三角区、后头及胸、腹背面大体黑色，其余部分和小盾板基本黄色。头鬃黑褐色，头顶内、外顶鬃着生在黄色区，眼眶浅褐色，上眶鬃2根等长，下眶鬃2根，较上眶鬃为短，眶毛稀疏且向后倾。触角第3节圆形，着生的触角芒褐色。中胸背板黑色，有光泽，小中毛不规则排成4行；侧板下缘常具黑色小斑纹；小盾片半圆形，两侧黑褐色，具缘鬃4根；胸部腹面在前足与中足基节间为黑色，其余部分黄色。前翅亚前缘脉末端变为一皱褶，并终止于前缘脉折断处；M_{3+4}脉末段长为次末段的1.75~2倍。各足腿节常有暗褐色条纹，胫节及跗节褐色。腹部可见7节，雌虫产卵鞘呈圆筒形；雄虫第7腹节短钝，外生殖器阳茎后突扁平，背针突具一齿，端阳体前端较圆钝，精泵褐色，叶片较狭。卵圆形，白色略透明，将孵化时卵色呈浅黄色。幼虫共3龄，初孵幼虫无色略透明，渐变淡黄色，若被寄生蜂寄生，后期幼虫呈黑褐色，幼虫后气门有短柄状突起，气门周围具小泡9~12个。初蛹呈橘黄色，后期蛹色变深。后气门突出，与幼虫相似。

寄主及危害：危害茄科、葫芦科、十字花科等36科植物。成虫以其产卵器刺破寄主植物嫩叶表皮，产卵或吮吸其泌出汁液，形成点点白色食痕，严重时叶片枯焦或脱落；幼虫潜食叶肉，形成曲折蜿蜒的食痕。植株幼苗期受害时，发育推迟，严重时枯死。

生物学特性：在35° N以南地区可常年发生，在32° N以北冬季露地自然条件下不可越冬，全年仅发生数代。卵大多数产于叶正面。25℃条件下每雌产卵约183粒。幼虫孵化后蛀食叶片，产生不规则的线状蛀食道。幼虫化蛹前先在叶上表面咬破一个半圆形缺口，在隧道内停留片刻，而后出叶滚落到地面，于土表或表土层中化蛹。少数幼虫在叶片上化蛹。

中国分布：黑龙江、北京、天津、新疆、上海、河南、湖北、贵州、香港、台湾、安徽、浙江、福建、江苏、广东、海南、宁夏。

其他地区分布： 欧洲多个国家、摩洛哥、埃及、土耳其、以色列、土库曼斯坦、印度、尼泊尔、越南、韩国等。

入侵中国的最早记录： 1984 年台湾首次报道发现番茄斑潜蝇；大陆于 1985 年在安徽、上海首次发现。

75. 南美斑潜蝇 *Liriomyza huidobrenisis* (Blanchard)

分类地位： 双翅目 Diptera，潜蝇科 Agromyzidae

英文名称： South American leaf miner

其他中文名： 拉美斑潜蝇，豆斑潜蝇，黑腿斑潜蝇

南美斑潜蝇成虫（左：石宝才 摄；右：刘万学 提供）

南美斑潜蝇头胸部背面（示胸部背板的内外顶鬃均着生于黑色区域；刘万学 提供）

南美斑潜蝇翅（刘万学 提供）

形态特征： 成虫体长 1.3~1.8mm，翅长 1.7~2.3mm。额橙黄色，明显突出于眼，上眶稍暗，内外顶鬃着生处暗色，颊长为眼高的 1/3。中胸背板黑色稍亮，小盾片黄色。后角具黄斑，背中鬃 2+1，中鬃散生呈不规则 4 行，中侧片下方 1/2~3/4 甚至大部分黑色，仅上方黄色。中室较大，M_{3+4} 脉末段长为次末段的 1.75~2.5 倍。足基节黄色具黑纹，腿

南美斑潜蝇蛹［左：在豆角叶背面初化蛹（刘万学　提供）；右：处于发育后期的蛹（石宝才　摄）］

豆角和芹菜被害状（左：刘万学　提供；右：石宝才　摄）

节基本黄色，但具黑色条纹直到几乎全黑色，胫节、跗节棕黑色。雄性外生殖器端阳体与骨化强的中阳体前部体之间以膜相连，呈空隙状，中间后段几乎透明，精泵黑褐色，柄短，叶片小，背针突具1齿。卵椭圆形，乳白色，微透明。幼虫初孵时半透明，随虫体长大渐变为乳白色，有些个体带少许黄色。后气门突具6~9个气孔开口。蛹初期呈黄色，逐渐加深直至呈深褐色，比美洲斑潜蝇颜色深且体形大。后气门突起与幼虫相似。

寄主及危害：已记载寄主植物有49科365种，以菊科、十字花科、豆科、苋科、茄科、葫芦科和伞形花科为主，除农作物外，还为害花卉。幼虫潜食叶片，破坏叶片含叶绿体的细胞，降低植物的光合作用。幼虫常嗜食叶片的中肋和叶脉，使叶面形成透明空斑和白色隧道，严重时导致植株落叶、推迟发育，甚至枯死。幼虫的取食潜道从叶面看常不完整，明显不同于美洲斑潜蝇。

生物学特性：成虫可在叶片正反面取食、产卵。卵产于叶片内，产卵孔一般椭圆形，在产卵孔表面可看到乳白色的突起。老熟幼虫在虫道近末端处划开一个圆形的出叶缝，借助虫体的蠕动慢慢钻出虫道，而后在叶片上或入土化蛹。

中国分布：目前发现分布于除西藏、安徽、上海以外的其他地区。

其他地区分布：起源于南美洲，近年已蔓延到欧洲和亚洲。

入侵中国的最早记录：1993年在云南昆明花卉苗圃发现。

76. 美洲斑潜蝇 *Liriomyza sativae* (Blanchard)

分类地位：双翅目 Diptera，潜蝇科 Agromyzidae

英文名称：Vegetable leaf miner

其他中文名：蔬菜斑潜蝇

美洲斑潜蝇成虫（左：虞国跃　摄；右：刘万学　提供）

美洲斑潜蝇头胸部背面

（示胸部背板的内顶鬃着生于黑黄交界或黑色处，外顶鬃着生于黑色区域；刘万学　提供）

美洲斑潜蝇翅

（刘万学　提供）

形态特征： 成虫较小，体长1.3~2.3mm，雌虫稍大于雄虫；体黑灰色，头部鲜黄色，眼后眶黑色，额稍突出于眼眶，额宽约为眼宽的1.5倍，上眶鬃2对，下眶鬃2对，眶毛散生，向后倾斜。外顶鬃着生处暗色，内顶鬃着生在暗色处或黄黑交接处，触角第3节橙黄色。中胸背板黑色光亮，中毛4行，侧板大部分黄色，小盾片鲜黄色。翅长1.3~1.7mm，基部中间有一较为显著的黄色亮斑，中室小，M_{3+4}脉末段长为次末段的3~4倍。腹部各节黑黄相间，体侧黑黄约各占一半；足黄色，两侧有淡棕色斑，胫节、跗节暗褐色。雄虫外生殖器端阳体褐色，分为2片，具圆锯齿状外缘，基阳体有一段暗色，精泵具短、狭的柄，扇状叶片褐色，略不对称，背针突末端具一齿。卵椭

美洲斑潜蝇卵
（时敏　提供）

美洲斑潜蝇幼虫
（刘万学　提供）

叶内美洲斑潜蝇幼虫和隧道内粪便
（石宝才　摄）

美洲斑潜蝇老熟幼虫钻出隧道（石宝才　摄）

美洲斑潜蝇蛹（刘万学　提供）

番茄被害状
（刘万学　提供）

丝瓜被害状
（刘万学　提供）

美洲斑潜蝇潜叶隧道
（刘万学　提供）

圆形，米色，半透明。幼虫初孵时无色透明，老熟时为橙黄色，后气门突呈圆锥状突起，顶端分三叉，共 3 龄。蛹椭圆形，腹面稍扁平，长 1.7~2.3mm，浅黄至橙黄色，后气门 3 个。

寄主及危害： 主要为害黄瓜、番茄、茄、辣椒、豇豆、蚕豆、大豆、菜豆、芹菜、甜瓜、西瓜、冬瓜、丝瓜、西葫芦、蓖麻、大白菜、棉花、油菜、烟草等 22 科 110 多种植物。成虫、幼虫均可危害。雌成虫在叶片正面取食和产卵，幼虫从正面潜入叶片和叶柄危害，严重时叶面潜痕密布（潜痕不规则蛇形，先细后宽，里面的黑色虫粪多排成虚线状），叶片逐渐发黄、枯焦或脱落，甚至毁苗和绝收。

生物学特性： 年发生世代数因地区不同而异，在海南一年 21~24 代，周年发生；在山东、河南等地 10~13 代，温室内以蛹越冬；内蒙古 5~6 代。成虫具趋黄习性。卵产于叶片表皮下。老熟幼虫在叶表皮咬一半圆形切口外出，在叶外或土表下化蛹。

中国分布：目前在我国大陆 31 个省份及台湾地区均有分布。

其他地区分布：巴西、阿根廷、哥伦比亚、法属圭亚那、秘鲁、委内瑞拉、安提瓜和巴布达、巴巴多斯、巴哈马、哥斯达黎加、古巴、多米尼加、巴拿马、加拿大、美国、墨西哥、智利、也门、津巴布韦等 30 多个国家和地区。

入侵中国的最早记录：1993 年在海南三亚蔬菜上发现。

77. 三叶草斑潜蝇 *Liriomyza trifolii* Burgess

分类地位：双翅目 Diptera，潜蝇科 Agromyzidae

英文名称：American serpentine leaf miner

其他中文名：三叶斑潜蝇、非洲菊斑潜蝇

三叶草斑潜蝇成虫（刘万学　提供）

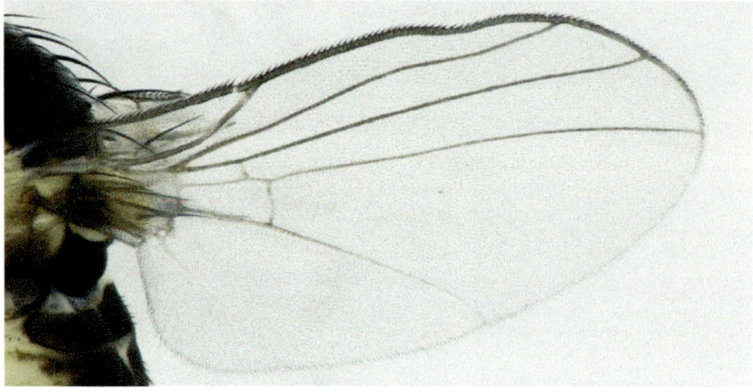

三叶草斑潜蝇翅（刘万学　提供）

三叶草斑潜蝇头胸部背面
（示胸部背板的内、外顶鬃均着生于黄色区域；中胸背板灰黑色无光泽；刘万学　提供）

形态特征：成虫体长雌 2.3mm，雄 1.6mm。头顶和额区黄色，额不突出于眼眶，额宽约为眼宽的 1.5 倍，眼眶全部黄色。头鬃褐色，头顶内、外鬃着生处黄色，具 2 根等长的上眶鬃及 2 根较短小的下眶鬃，眼眶毛稀疏且向后倾。触角 3 节，均黄色，第 3 节圆形，触角芒淡褐色。中胸背板黑色，无光泽，背板两后侧角靠近小盾片处黄色，小盾片黄色，具缘鬃 4 根。中胸侧板下缘黑色腹侧片大部分黑色，仅上缘黄色。前翅的前缘脉加粗达中脉 M_{1+2} 脉的末端，亚前缘脉末端成一皱褶并止于前缘脉折断处，中室小，M_{3+4} 脉后段为中室长度的 3 倍。各足基节和股节黄色，胫节及跗节呈黑色。腹部可见 7 节，各节背板黑褐色，第 2

三叶草斑潜蝇卵（刘万学　提供）

虫道内的三叶草斑潜蝇幼虫（刘万学　提供）

节背板前缘及中央常呈黄色，3~4 背板中央亦常为黄色，形成背板中央不连续的黄色中带纹。腹节腹板黄色，各节中央略呈褐色。雄虫第 7 腹节短钝，黑色，外生殖器端阳体中央明显收窄，中阳体狭长，基阳体极淡色，精泵叶片狭小褐色呈透明状，两侧对称；雌虫产卵鞘锥形，黑色。卵米色，半透明，长椭圆形。幼虫刚孵化时呈淡白色，渐变为浅橙黄色，2 龄以后为橙黄色，有 1 对后气门，形似三突锥状，每一后气门的 3 个气门孔位于锥突的顶端，与外界相通。围蛹椭圆形，腹面略扁平；随着化蛹时间的推移，其颜色由浅橙黄色逐渐变为褐色或暗褐色。

寄主及危害：目前所记载的寄主种类共 400 多种，包括多种蔬菜、花卉、粮食作物和经济作物及多种杂草。主要以幼虫潜食寄主叶片致害。幼虫潜食后形成不规则虫道，潜道内幼虫粪便呈点状分布。被害植株落叶甚至枯死。在美国，三叶草斑潜蝇是某些植物病毒的传播媒介。

生物学特性：成虫在叶片正面取食和产卵。卵产于叶表下，幼虫孵出后即潜食叶片，造成潜道。在土壤表层或叶面上化蛹。在我国一年可发生多代，部分地区达 10 代以上。在温室内可全年繁殖。

中国分布：台湾、广东、广西、海南、云南、浙江、江苏、上海、福建等。

其他地区分布：除南极洲外各大洲的 70 多个国家和地区。

入侵中国的最早记录：1988 年 2 月在台湾首次发现，2005 年 12 月在广东中山发现。

78. 橘小实蝇 *Bactrocera dorsalis* (Hendel)

分类地位：双翅目 Diptera，实蝇科 Tephritidae

英文名称：Oriental fruit fly

其他中文名：东方果实蝇，黄苍蝇，果蛆，柑橘小实蝇

形态特征：成虫以暗褐色到黑色为主，或黑色与黄色相间。头部黄色或黄褐色，中颜板具圆形黑色颜面斑。中胸背板黑褐色或黑色带红褐色区，肩胛、背侧胛完全黄色。小盾片较扁平，黄色，基部具狭窄的暗色横条。中背片黑色或中部浅黄色到橙褐色，两侧具暗色斑。翅前缘带褐色，伸至翅尖，较狭窄。各足腿节不具暗色斑。腹部黄色到橙褐色；第 2 腹背板的前缘有黑色狭短横条；第 3~5 节腹背板具黑褐色中纵条，该中纵条与第 3 腹背板褐色横带形成“T”形斑，第 4 腹背板的前侧缘常有黑色斑纹，第 5 腹背板具腺斑。卵梭形，长约 1mm，宽约 0.1mm，乳白色。幼虫共 3 龄，蛆形，老熟幼虫长 7~11mm，乳白或淡黄色。前气门具 9~10 个指状突。肛门隆起明显，全都伸到侧区的下缘，形成一个长椭圆形的后端。臀叶腹面观，两外缘呈弧形。围蛹椭圆形，长约 5mm，黄褐色至深褐色。

寄主与危害：寄主多达 250 余种，包括番石榴、芒果、杨桃、李、青枣、柑橘、甜橙、柚子、香橼、枇杷、杏、桃、橄榄、番木瓜、樱桃、番茄等。以幼虫钻入果肉取食，致使果肉变味腐烂。橘小实蝇是东南亚、印度次大陆和夏威夷群岛一带的危险性果蔬害虫，常对新入侵区的果蔬生产构成严重威胁。

停在枸杞叶片上的橘小实蝇（虞国跃 摄）

橘小实蝇头胸部（虞国跃 摄）

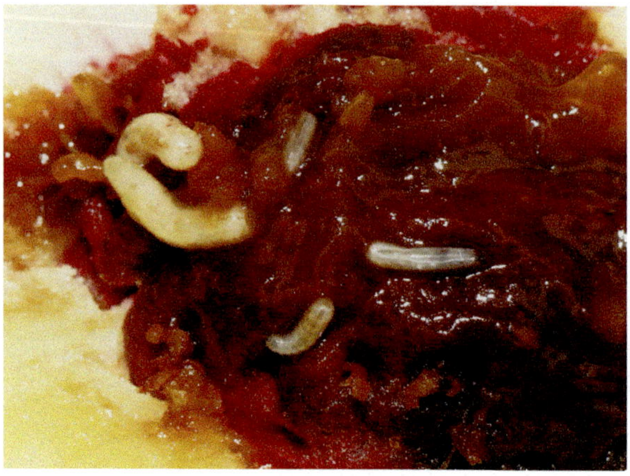

为害桃的橘小实蝇幼虫（虞国跃 摄）

橘小实蝇在地下化的蛹（虞国跃 摄）

橘小实蝇在果实上群集状
（许再福　提供）

橘小实蝇对北方毛桃的危害所造成的落果
（虞国跃　摄）

橘小实蝇在番石榴上的产卵痕
（虞国跃　摄）

橘小实蝇在桃果上产卵后引起桃的流胶
（虞国跃　摄）

生物学特性： 雌虫喜在皮薄、成熟的果上产卵。卵产于果皮下 1~4mm 处，在果实表面留下针状大小的产卵孔斑痕，每次产卵 2~15 粒。幼虫孵化后在果内危害，老熟后脱果落地，入土化蛹。成虫具明显的趋化性，有一定的远距离迁移能力。生殖力强，单雌一生产卵 500~1500 粒。国内每年发生 3~10 代。

中国分布： 海南、广东、广西、云南、贵州、四川、重庆、湖南、湖北、江苏、浙江、上海、福建、江西、香港、澳门、台湾、北京。

其他地区分布： 原产于亚洲热带或亚热带地区，现主要分布于亚洲（孟加拉国、不丹、柬埔寨、印度、印度尼西亚、老挝、缅甸、尼泊尔、巴基斯坦、斯里兰卡、泰国、阿联酋、越南、日本、马来西亚、新加坡），以及大洋洲（法属波利尼西亚、关岛、瑙鲁、新喀里多尼亚、北马里亚纳群岛、帕劳）和美国夏威夷。

入侵中国的最早记录： 1911 年在台湾南部首次发现，大陆于 1934 年在海南首次报道。

79. 番石榴果实蝇 *Bactrocera correcta* (Bezzi)

分类地位：双翅目 Diptera，实蝇科 Tephritidae

英文名称：Guava fruit fly

其他中文名：番石榴实蝇、实胫果实蝇、突胫寡鬃实蝇

番石榴果实蝇雄成虫（刘晓飞 摄）

形态特征：成虫中颜面黄色，具黑褐色颜面斑1对，并沿颜沟向内伸展，形成一黑褐色横带，有时中间细窄而呈淡褐色，有时间断。中胸背板大部黑色，横缝后的1对黄色侧纵条较长，伸至内后翅上鬃之后。小盾片除基部的一黑色狭横带外，余全黄色。肩胛、背侧胛黄色。头、胸部鬃序正常，小盾鬃1对，前翅上鬃和小盾前鬃存在。翅前缘带褐色，狭而短，终止于 R_1 室末端。翅端另有一褐色斑点，覆盖于 R_3 室下末端及 R_5 室的上末端。后足胫节末端的一龙骨突起相当发达。腹部黄褐色，第3背板的前部具一黑色长横带，第3至5背板的中央有一黑色纵条，组成明显的“T”形斑。雄虫第3背板具栉毛，第5腹板的后缘呈倒“V”形向内深凹。雌虫产卵管基节的长度约与第5、第6两背板的长度之和相等，针突长约1.1mm，末端尖锐，具亚端刚毛4对。3龄幼虫体长7.0~8.5mm，黄白色，前气门指状突13~18个。后气门裂长约3倍于宽，肛叶1对，隆突，周围排列3~5行不连续的微刺带。蛹椭圆形，长4.0~5.0mm，黄褐色至深褐色。

寄主及危害：主要为害热带和亚热带果蔬植物，包括番石榴、芒果、柑橘、腰果、牛油果、樱桃、榄仁、枣、蒲桃、人心果、辣椒等30科60余种。幼虫蛀食果肉，同时引发真菌、霉菌侵染，使果实大面积腐烂、脱落。

生物学特性：成虫羽化后飞到寄主瓜果上取食外层果肉以补充营养；常在寄主叶片下聚集。卵产于果实内。老熟幼虫离开受害果进入土壤表层化蛹。种群发生高峰期往往与寄主果实的成熟期一致。

中国分布：云南、广东、四川、贵州、台湾。

其他地区分布：主要分布在泰国、越南、缅甸、尼泊尔、印度、巴基斯坦、斯里兰卡等东南亚、南亚国家及美国。

入侵中国的最早记录：1989年在云南元江和漠沙首次报道。

80. 辣椒实蝇 *Bactrocera latifrons* (Hendel)

分类地位：双翅目 Diptera，实蝇科 Tephritidae

英文名称：Chili fruit fly，Solanum fruit fly，Malaysian fruit fly

其他中文名：锈腹实蝇，宽额寡鬃实蝇，甜瓜实蝇，辣椒果实蝇

辣椒实蝇成虫（马骏　提供）

形态特征：成虫体长 4.5~6.5mm。头部额前方较窄，浅棕色，侧刚毛的基部有棕褐色斑，额上侧刚毛 1 对，额下侧刚毛 2 对；颜面具两黑斑；触角第 3 节近等长于第 1~2 节的总长度，末端圆钝，角芒裸；鬃序退化不全。中胸背板黑色，有白色软毛，具缝后黄色侧纵条 1 对，其后端终止于内后翅上鬃；肩胛、背侧胛完全黄色；小盾片大部黄色，基部有一黑色狭横带。翅前缘带浅棕色，于翅端扩展成一褐斑；基前缘室和前缘室完全透明。腹部红褐色，第 2 背板上方有 1 条不延伸至两边缘的黑色横带，第 3 背板上部有 1 条黑色横带，第 5 背板两侧各有一较大的深棕色半月形斑。雌虫产卵器基节短，产卵管细长渐尖，端部呈三叶状，产卵管鞘红棕色。足黄色，各足腿节前端腹面褐色，后足胫节端部和跗节端部略带褐色。

寄主及危害：寄主有辣椒、茄、番茄、黄瓜、蛇瓜、苹果、香蕉、洋桃、咖啡、番石榴、柠檬、荔枝、芒果和甜橙等多种植物。幼虫期潜居果内取食直至老熟，导致被害果霉烂，无法食用，失去其经济价值。一般对辣椒和茄属植物的危害最为严重，是东南亚和印度次大陆茄科植物的主要害虫。

生物学特性：繁殖能力强，每雌平均产卵约 256 粒。卵产于寄主的果实中。

中国分布：福建、广东、广西、云南、海南、贵州、香港、台湾。

其他地区分布：马来西亚、缅甸、泰国、老挝、越南、马来西亚、印度尼西亚、东帝汶、印度、巴基斯坦、斯里兰卡、夏威夷群岛、肯尼亚、坦桑尼亚等。

入侵中国的最早记录：不详。

81. 蜜柑大实蝇 *Bactrocera* (*Tetradacus*) *tsuneonis* (Miyake)

分类地位：双翅目 Diptera，实蝇科 Tephritidae

英文名称：Japanese orange fly，Japanese citrus fly

其他中文名：日本蜜柑蝇

形态特征：成虫以橙色到褐色为主，体长雌 10.1~12.0mm，雄 9.9~11.0mm。头部黄褐色，单眼三角区黑色，颜面斑菱形或长椭圆形，黑色。触角黄褐色，触角芒暗褐色，其基部近黄色，具 1 对上侧额鬃和 2 对下侧额鬃，内、外顶鬃各 1 对。中胸背板红褐色，背面中央有“人”字形的褐色纵纹，肩胛和背侧板胛及中胸侧板条均黄色，中胸侧板条宽，几乎伸抵肩胛的后缘；侧后缝色条始于中胸缝并终于上后翅上鬃之后，呈内弧形弯曲，具中后缝色条。小盾片黄色。胸部的鬃序如下：小盾端鬃 1 对，无小盾前鬃，后翅上鬃 2 对，前翅上鬃 2 对（有时 1 对，或有时一侧 1 根，而另一侧 2 根，不等），中侧板鬃缺，背侧鬃 2 对（前、后各 1 对），肩板鬃 2 对（内对常较外对弱小）。翅膜质透明，前缘带宽，与 R_{4+5} 脉汇合，并在翅端 R_{4+5} 脉的下方和 M_{1+2} 脉之间略扩展；在 R_{2+3} 脉与 R_{4+5} 脉之间的暗褐色前缘带上有一空白透明长形条；无臀条。足胫节色较深。腹部背面具一暗褐色到黑色中横带，自腹基部延伸到腹部末端或在末端之前终止；第 3 腹节背板前缘有一暗褐色到黑色横带，与上述中纵带相交呈“+”字形；第 4 和第 5 节背板两侧各有 1 对暗褐色到黑色短带；雌虫第 6 节背板隐于第 5 节的下方，第 7~9 节组成产卵器（第 7 节为基节，形如瓶状，暗褐色；第 8 节为中节，具锉区；第 9 节为产卵管节，端呈 3 叶状，具端前刚毛 4 对）。产卵器的基节长度约为腹部 1~5 节长之和的 1/2，其后端狭小部分短于第 5 腹节，受精囊细长，螺旋形。雄虫第 3 腹节板具栉毛，第 5 腹板后缘略凹，阳茎端暗褐色，其上透明的蘑菇状物端半部密生透明小刺。

卵白色，椭圆形，略弯曲，一端稍尖，另一端圆钝，上有 2 个小突起。卵长 1.33~1.60mm。幼虫共 3 龄。3 龄幼虫体长 5.0~15.5mm；口钩发达，黑色；前气门“丁”字形，外缘呈直线状，略弯曲，有指突 33~35 个；后气门具气门裂 3 个，气门毛 5 丛。蛹长 8.0~9.8mm，椭圆形，淡黄色到黄褐色。

蜜柑大实蝇成虫（左雌．龚秀泽　摄；右雄．马骏　提供）

蜜柑大实蝇成虫头部正面、头顶和头胸部背面（左、右：马骏　提供；中：龚秀泽　摄）

寄主及危害: 柑橘类的严重害虫。果实被产卵后，产卵孔呈一针刺状小孔，孔缘灰白色或黑褐色，有龟裂现象。横剖产卵孔之果皮呈黄色水浸状。幼虫蛀食柑橘瓤瓣及果实种仁危害。田间前期幼虫数量较大，其对瓤瓣辗转纵横蛀食，被害果未熟先黄，收获前掉落、腐烂；后期幼虫数量一般较少，依次蛀食瓤瓣，被害果实正常着色，但不掉落。当幼虫发育至 3 龄期时，被害果实的大部分遭破坏。

生物学特性: 以蛹在寄主植物下方的土中滞育越冬。成虫有产卵前取食蜜露的习性。卵产于果皮之下。由于卵不能到达果肉，果皮厚的果实较少受到侵害。每一个产卵孔通常产 1 粒卵，少数可达 6 粒不等。幼虫可接连破坏果实内部结构，一头幼虫能寄生 2~10 个果实。幼虫入土化蛹。

中国分布: 四川、云南、湖南。

其他地区分布: 日本、越南。

入侵中国的最早记录: 1984 年传入台湾。

82. 瓜实蝇 *Bactrocera cucurbitae* (Coquillett)

分类地位： 双翅目 Diptera，实蝇科 Tephritidae

英文名称： Melon fly，Melon fruit fly

其他中文名： 黄瓜实蝇，瓜小实蝇，瓜大实蝇，针蜂，瓜蛆

形态特征: 成虫体长 7.0~9.0mm，翅长 7mm，雌虫略小于雄虫。体黄褐色至红褐色。额狭窄，两侧平行。复眼间有前后排列的褐斑 2 个；前胸两侧、中胸两侧均有黄色纵纹，中胸背面有并列 3 条黄纵纹；后胸小盾片黄色至土黄色，基部有一红褐色至暗褐色狭横带。腹部黄褐色近椭圆形，第 2 背板前中部有两狭短褐带，第 3 背板前部有一狭长褐横带，从横纹中央向后直达尾端有一黑纵纹，两纹形成明显的“T”形。雄虫第 3 背板具栉毛，第 5 背板后缘略向内凹陷。雌虫产卵器扁平，产卵管基节黄褐色。足黄色或黄褐色，腿节淡黄色，各足腿节端部 1/3 和前后足胫节为暗褐色。翅膜质透明，亚前缘脉和臀区各有一暗色斑纹，翅尖具一圆斑。卵细梭形，长约 0.8mm，乳白色。老熟幼虫体长约 10mm，乳白色，蛆状，口钩黑色。蛹长约 5mm，初为米黄色，后呈黄褐色，圆筒形。

寄主及危害: 寄主多达120多种，如苦瓜、黄瓜、丝瓜、西番莲、辣椒、南瓜、甜瓜、柠檬、橘、豆类等。成虫产卵于幼瓜表皮内部，幼虫孵化后即钻入瓜内，群集于瓜瓤中间危害。受害瓜果初期局部变黄，逐渐全瓜腐烂变臭，造成大量落瓜，或刺伤处畸形下陷，果皮硬实，瓜味苦涩，严重影响瓜果的品质和产量。主要在菜园、果园等栽培果蔬和野生植物上危害。

生物学特性: 成虫具趋光性，夏天中午高温烈日时，静伏于瓜棚或叶背，对糖、酒、醋及芳香物质有趋性。雌虫喜在幼嫩寄主植物表面和果实上破损裂口处产卵，每次几粒至十余粒，每雌可产数十粒至百余粒。卵呈竖状排列，但也有单产，距果表深约3mm。老熟幼虫具很强的弹跳力，在瓜落前或瓜落后，弹离寄主钻入表土层化蛹。以成虫在杂草、蕉树内越冬。

中国分布: 山西、江苏、福建、海南、广东、广西、贵州、云南、四川、湖南、湖北、江西、重庆、上海、浙江、香港、台湾。

其他地区分布: 亚洲、非洲、北美洲、大洋洲的50多个国家和地区。

入侵中国的最早记录: 最早记录于1985年在深圳口岸截获。

瓜实蝇成虫（虞国跃　摄）

瓜实蝇头胸部（虞国跃　摄）

饲养的瓜实蝇幼虫（虞国跃　摄）

瓜实蝇危害状（海南考察组　提供）

83. 枣实蝇 *Carpomya vesuviana* Costa

分类地位: 双翅目 Diptera，实蝇科 Tephritidae

英文名称: Ber fruit fly

其他中文名: 果实蝇

形态特征：成虫体小型。头高大于长，雌雄头宽约相等，淡黄至黄褐色。额表面平坦，两侧近平行，约与复眼等宽。复眼圆形，高与长约相等。触角较短于颜长或相等，第 3 节背端尖锐；触角芒裸或具短毛。喙短，呈头状。胸部盾片黄色或红黄色，中间具 3 个细窄黑褐色条纹，向后终止于横缝略后；两侧各有 4 个黑斑，横缝后亚中部有 2 个近似椭圆形黑色大斑，近后缘的中央于两小盾前鬃之间有一褐色圆形大斑；横缝后另有 2 个叉形的白黄色斑纹。小盾片背面平坦或轻微拱起；浅黄色，具 5 个黑斑，其中 2 个位于端部，基部的 3 个分别与盾片后缘的黑斑连接。胸部侧面大部分淡黄至黄褐色，中侧片后缘中间有一黑色小斑点；侧背片部分黑褐色；后小盾片大部分黑色，中间黄色。翅透明，具 4 个黄色至黄褐色横带，横带的部分边缘带有灰褐色；基带和中带分离，短且不达翅后缘；亚端带较长，伸达翅后缘。足黄色；幼虫蛆形，3 龄幼虫体长 7.0~9.0mm。卵圆形，黄色至黄褐色。

寄主与危害：主要寄主为枣属植物。以成虫产卵和幼虫蛀食为害枣果。成虫产卵于枣果表面，致使产卵孔周围的组织发育停止，形成凹陷或长瘤；幼虫孵化后蛀食果肉，导致枣果提前成熟、腐烂或大量落果，其危害严重影响枣果的产量和品质。是枣和酸枣等果树的毁灭性害虫。

停息在枣果上的枣实蝇成虫
（于江南 摄）

被枣实蝇为害的枣果外观
（于江南 摄）

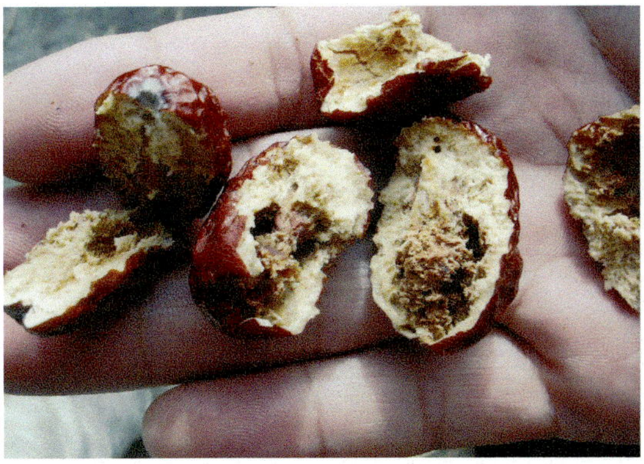

被枣实蝇蛀食的枣果内部（于江南 摄）

被害枣果脱落在地面上（于江南 摄）

生物学特性: 卵产于果实表面，幼虫孵化后即蛀入果内取食危害，待老熟后脱离枣果落地，在表土层 6~15cm 深的土壤中化蛹。成虫繁殖力、飞行能力较强。以老熟幼虫在土壤中越冬。

中国分布: 新疆。

其他地区分布: 埃及、苏丹、埃塞俄比亚、意大利、高加索、毛里求斯、印度、巴基斯坦、泰国、阿富汗、塔吉克斯坦、土库曼斯坦、乌兹别克斯坦、伊朗、阿曼、波斯尼亚和黑塞哥维那、塞浦路斯、俄罗斯、格鲁吉亚、阿塞拜疆与亚美尼亚等。

入侵中国的最早记录: 2007 年 8 月在新疆吐鲁番地区首次发现。

84. 苹果蠹蛾 *Cydia pomonella* (L.)

分类地位： 鳞翅目 Lepidoptera，卷蛾科 Tortricidae

英文名称： Codling moth

其他中文名： 苹果小卷蛾，苹果食心虫，苹小卷叶蛾

形态特征: 小型蛾类，成虫体长约 8mm，体灰褐色并具紫色光泽，雄虫略深于雌虫；头部额区鳞片灰白色；复眼深棕褐色，单眼周缘黑色。翅灰白色，具很细的深灰色条纹；前翅末端具深褐色三角形大斑，此斑具金属光泽；翅基部褐色，其外缘突出略呈三角形，该区内有较深的斜行波状纹；雄虫前翅腹面沿中室后缘有一长条黑褐色条斑，雌虫无。卵半透明，椭圆形且极扁平，中央略隆起。初龄幼虫为黄白色。成熟幼虫体长 14~18mm，头黄褐色，体多为淡红色，背面色略深于腹面；前胸盾片淡黄色，并具较规则褐色斑点；臀板色浅于前胸盾片，褐色斑点淡而小。蛹黄褐色，体长 7~10mm；复眼黑色，气门缘片隆起；雌蛹触角不达中足末端，雄蛹则接近中足末端；腹部第 2~7 节背

面前、后缘各有 1 排刺，前排较粗，后排细小；第 8~10 节仅 1 排刺。

寄主及危害: 寄主包括苹果、沙果、石榴、海棠、梨、李、桃、山楂等多种果品。主要以幼虫钻入果实内部取食危害。幼虫蛀入后直达果心，食害种子，随虫龄增长，蛀孔不断扩大，虫粪排至果外并成串挂至果上，被害果实无法食用并极易落果，造成品质下降，对产量影响大。

苹果蠹蛾成虫
（张桂芬　提供）

苹果蠹蛾幼虫及其危害状
（左：刘磊　摄；右：陈刘生　摄）

结茧后即将化蛹的苹果蠹蛾老熟幼虫（刘磊　摄）

苹果蠹蛾蛹壳（示腹部背面上的刺；刘磊　摄）

被苹果蠹蛾为害的果实
（陈刘生　摄）

苹果蠹蛾幼虫为害造成苹果落果
（陈刘生　摄）

生物学特性：成虫通常在苹果花期结束时开始羽化。成虫有趋光性。卵单产于果实的表面或者靠近果实的叶片及嫩枝上，喜产在背风向阳处；树冠上层卵量居多，叶上卵多于枝条和果实上。幼虫从果实损伤处、萼洼及梗洼等处蛀入果内，且绝大部分从两果相靠处蛀入；有转果危害习性。幼虫老熟后脱果爬至树皮下、树干裂缝处或地上隐蔽物及土中结茧化蛹。以老熟幼虫越冬。

中国分布：天津、北京、内蒙古、辽宁、吉林、黑龙江、甘肃、宁夏、新疆。

其他地区分布：除南极洲外各大洲的 60 多个国家和地区。

入侵中国的最早记录： 1953 年首次在新疆库尔勒发现。

85. 美国白蛾 *Hyphantria cunea* (Drury)

分类地位：鳞翅目 Lepidoptera，灯蛾科 Arctiidae

英文名称：Fall webworm，American white moth

其他中文名：秋幕毛虫，秋幕蛾

形态特征：成虫体长 9~12mm。头白色，复眼黑褐色。胸部背面密布白色，腹部白色。雄虫触角双栉齿状，黑色；前翅无斑至多个黑褐色斑。雌虫触角锯齿状，褐色；前翅纯白色，少数有斑点；后翅通常为纯白色或在近边缘处有小黑点。前足基节及腿节端部橘黄色，胫节及跗节内侧白色，外侧为黑色；中后足腿节白色或黄色，胫节、跗节上常有黑斑。卵呈球形，直径 0.4~0.5mm，初产时淡绿色或黄绿色；卵壳表面有许多椭圆形和圆形隆起，其周围环绕着有许多气孔的脊。幼虫根据头部色泽分为红头型和黑头型。初孵幼虫体长约 1mm，老熟时可达 22~37mm。头黑色发亮，仅后唇基白色。体呈圆筒状，背方有一深褐色至黑色宽纵带，暗色带内具黑色毛瘤；体侧淡黄色，多具橘黄色毛瘤。蛹长 8~15mm，长纺锤形，暗红褐色，胸部背中央有一纵脊；中足前方不达眼部，后方不达翅端，彼此在腹方中央相遇。茧淡灰色且薄，由稀疏的丝混杂幼虫体毛组成。在一年两代地区，春季由越冬蛹羽化出的成虫翅斑较多，夏季羽化的成虫翅斑较退化。

美国白蛾雌成虫，并示足前腿节黄色（虞国跃　摄）

杏叶上的美国白蛾雄成虫，前翅斑纹较多（虞国跃　摄）

榆树主干上的美国白蛾雄成虫，前翅斑纹较少，可无斑纹（虞国跃 摄）

美国白蛾幼虫，背部颜色深（虞国跃 摄）

美国白蛾幼虫，体背颜色浅（虞国跃 摄）

群集的美国白蛾幼虫（周洪旭 提供）

寄主被害状（左：虞国跃 摄；右：周洪旭 提供）

寄主及危害: 寄主有果树、林木、农作物及野生植物等200多种植物。以低龄幼虫群集于寄主叶上取食叶肉危害，被害叶片仅留叶脉呈白膜状；老龄幼虫食叶形成缺刻和孔洞。发生严重时可将全株树叶食光，造成部分枝条甚至整株死亡，严重威胁农田、森林、果园、城市绿化及草原。此外，被害树长势衰弱，易遭其他病虫害的侵袭，并降低抗寒抗逆能力。

生物学特性: 以蛹在树皮下或地面枯枝落叶处越冬。幼虫孵化后吐丝结网，群集网中取食叶片；进入5龄之后离开网幕，活动量和食量均明显增加，到末龄时食量达最高峰；6~7龄常将整片叶子甚至连主脉食尽，仅留叶柄，此后转移至枝杈和嫩枝的另一部分编织新网。老熟幼虫沿树干下行，集中在树干的老皮下及树干洞穴内、树周围的表土内或砖瓦土块下作茧化蛹。繁殖能力强，每头雌蛾一般只产一个卵块（平均700~800粒）；卵块单层排列于树冠周缘枝条的叶背。

中国分布: 辽宁、吉林、河北、河南、山东、天津、陕西、上海、北京、江苏、安徽、内蒙古、湖北。

其他地区分布: 朝鲜半岛、日本、土耳其、伊朗、俄罗斯、吉尔吉斯斯坦、哈萨克斯坦、乌克兰、波兰、捷克、斯洛伐克、匈牙利、奥地利、法国、意大利、塞尔维亚、保加利亚、斯洛文尼亚、克罗地亚、罗马尼亚、希腊、加拿大、美国、墨西哥等。

入侵中国的最早记录: 1979年在辽宁丹东发现。

86. 番茄潜叶蛾 *Tuta absoluta* (Meyrick)

分类地位： 鳞翅目 Lepidoptera，麦蛾科 Gelechiidae

英文名称： Tomato leafminer, South American tomato leafminer, Tomato pinworm

其他中文名： 番茄麦蛾，番茄潜麦蛾，南美番茄潜叶蛾

形态特征: 成虫体长 6~7mm，翅展 8~10mm，体浅灰色或灰褐色，鳞片银灰色；触角丝状；下唇须发达，向上翘弯；足细长；触角、下唇须和足均具有灰白色与暗褐色相间的横纹。幼虫共 4 龄。初孵幼虫体长 0.4~0.6mm，体奶白色或淡黄白色，头部淡棕黄色；2 龄幼虫淡绿色或淡黄白色；3 龄、4 龄幼虫绿色，或背部淡粉红色（随食料条件而异），头部棕黄色，前胸背板棕黄色，后缘具有棕褐色斑纹。

寄主及危害: 寄主主要为茄科作物和杂草，如番茄、马铃薯、茄、辣椒、烟草、人参果、灯笼果、龙葵、银毛龙葵、蒜芥茄、曼陀罗、光烟草等；还可取食其他多个科的植物，如菜豆、菠菜、甜菜、邹果苋、田旋花、红叶藜、苦苣菜、石茅等。尤其嗜食番茄，是世界性番茄重要害虫。以幼虫取食致害，番茄植株不同发育阶段、不同部位均可遭其危害。低龄幼虫潜食叶肉时，在叶片上形成细小的潜道（早期危害状不易被察觉，隐蔽性极强）；3~4 龄潜食时，潜道明显且不规则，留下黑色粪便及窗纸样上表皮，影响植物光合作用，严重时叶片皱缩、干枯、脱落。当幼虫密度较高、龄期较大时，还可蛀食嫩茎、顶芽、顶梢、腋芽以及幼果：潜蛀嫩茎时，多形成龟裂影响植株整体发育，并引发幼茎坏死；蛀食顶芽和梢时，常使番茄生长点枯死，形成不育植株，进而造成丛枝或叶片簇生；蛀食幼果时，使果实变小、畸形，形成的孔洞不仅影响产品外观，而且增加采收后人工分拣成本，甚至会招致次生致病菌寄生，造成果实腐烂。此外，幼虫还可在果萼与幼果连接处潜食，使幼果大量脱落，造成严重减产。

生物学特性: 在南美洲，番茄潜叶蛾每年发生 10~12 代。卵主要产于植株上部叶片的背面、正面或嫩茎上，少部分产于幼果和果萼上；卵散产或 2~3 粒聚产。幼虫孵化后便潜入寄主植物组织中，取食叶肉等组织。幼虫老熟后吐丝下垂，主要在土壤中化蛹，

番茄潜叶蛾成虫

（正在交配；张桂芬 摄）

番茄潜叶蛾蛹

（张桂芬 摄）

番茄潜叶蛾卵（张桂芬 摄）

番茄潜叶蛾幼虫（张桂芬 摄）

番茄潜叶蛾对果实的为害（张桂芬 提供）

田间番茄植株被害状（张桂芬 提供）

亦可在潜道内、叶片表面皱褶处或果实中化蛹，化蛹前常结一薄丝茧。成虫多在黄昏活动，雌虫羽化 1~2 天后即可交配。雌虫繁殖力强，一生最多产卵约 260 粒。耐寒性强，故除了在温暖区域或温暖季节的露地发生与危害，还可在严寒地域或严寒季节的保护地建立种群。

中国分布: 新疆、贵州、云南。

其他地区分布: 南美洲、中美洲、欧洲、非洲、亚洲的 80 多个国家和地区，在亚洲分布于阿富汗、巴林、孟加拉国、格鲁吉亚、印度、伊朗、伊拉克、以色列、约旦、科威特、黎巴嫩、尼泊尔、卡塔尔、沙特阿拉伯、土耳其、土库曼斯坦、阿联酋、叙利亚、也门、吉尔吉斯斯坦等 20 多个国家。

入侵中国的最早记录: 2017 年在新疆伊犁发生危害，2018 年在云南等地发生。

87. 马铃薯块茎蛾 *Phthorimaea operculella* Zeller

分类地位： 鳞翅目 Lepidoptera，麦蛾科 Gelechiidae

英文名称： Potato tuberworm，Potato tuber moth，Tobacco splitworm

其他中文名： 烟草潜叶蛾，马铃薯麦蛾

形态特征： 成虫体长雌 5.0~6.2mm，雄 5.0~5.6mm。体灰褐色，稍带银灰光泽。下唇须 3 节，向上弯曲超过头顶。前翅狭长，黄褐色或灰褐色，其上散布黑褐色斑点。雌蛾翅臀区具黑褐色大条斑，后翅翅缰 3 根，前缘基部无毛束；雄蛾翅臀区无黑条斑，仅有 4 个不明显的黑褐色斑点，后翅翅缰 1 根，前缘基部具有 1 束长毛。雄蛾腹末有向内弯曲的长毛 1 丛。卵椭圆形，长约 0.5mm，宽约 0.4mm，略透明，初产时乳白色，孵化前变黑褐色。空腹幼虫体乳黄色，为害叶片后呈绿色。末龄幼虫体长 11~13mm，头部棕褐色，每侧各有单眼 6 个，胸节微红，前胸背板及胸足黑褐色，臀板淡黄色。腹足趾钩双序环形，臀足趾钩双序弧形。蛹体长 6~7mm，宽 1.2~2.0mm，圆锥形，初期淡绿色，中期棕黄色。臀棘短小而尖，向上弯曲，周围有刚毛 8 根。蛹茧灰白色，长约 10mm，茧外常黏附泥土或黄褐色排泄物。

寄主及危害： 最嗜寄主为烟草，其次为马铃薯和茄，也为害番茄、辣椒、曼陀罗、

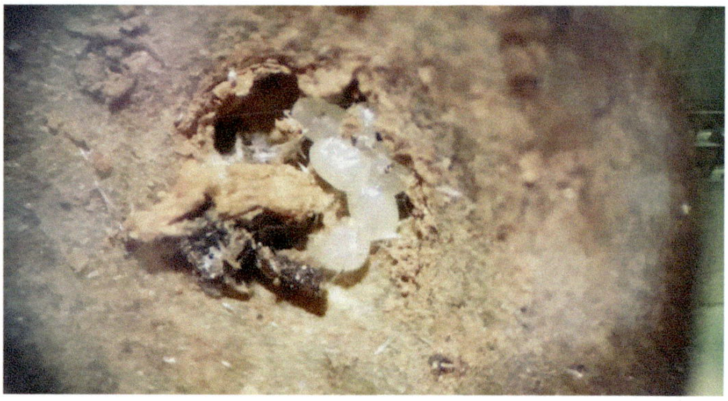

马铃薯块茎蛾成虫（左）和卵块（右）（陈斌 摄）

马铃薯块茎蛾幼虫（左）和蛹（右）（陈斌 摄）

马铃薯块茎蛾危害状（陈斌 摄）

枸杞、龙葵、酸浆等茄科植物。幼虫为害茎、叶片、嫩尖和叶芽，被害嫩尖、叶芽往往枯死，严重时幼苗枯死。幼虫可潜食于叶片之内蛀食叶肉，仅留上下表皮，呈半透明状。该虫也为害储藏的马铃薯块茎。在烟草上幼虫多沿叶脉蛀入，取食烟叶形成弯曲虫道，后变为空泡，仅留上下表皮，严重影响烟叶的产量和品质。

生物学特性: 一年发生 9~11 代。成虫飞翔力、趋光性弱。每雌产卵 150~200 粒，多者达 1000 多粒。幼虫有转移为害习性，一般从底部叶片逐渐上移为害。末龄幼虫入土 1~3cm 处化蛹。主要以幼虫在田间残留薯块、残株落叶、挂晒过烟叶的墙壁缝隙及室内储藏薯块中越冬。

中国分布: 四川、贵州、云南、广东、广西、湖北、湖南、江西、福建、河南、陕西、山西、山东、甘肃、安徽、台湾、内蒙古。

其他地区分布: 广泛分布于世界各大马铃薯种植区。

入侵中国的最早记录: 1937 年在广西柳州发现为害烟草。

88. 早熟禾拟茎草螟 *Parapediasia teterrella* (Zincken)

分类地位: 鳞翅目 Lepidoptera，草螟科 Crambidae

英文名称: Bluegrass sod webworm

其他中文名: 无

形态特征: 成虫体淡褐色，翅展 14.0~16.0mm。额和头顶白色，下颚须上举，淡褐色，末端白色；下唇须前伸，白色，外侧淡褐色。触角背面白色，腹面淡褐色。领片白色，两侧淡褐色；胸部白色；翅基片淡褐色。前翅灰色至淡褐色，亚外缘线灰白色，前端约 2/5 处外弯；翅外缘均匀分布 7 枚黑色斑点；缘毛灰色至淡褐色。后翅灰色至淡褐色；

缘毛白色，近基部淡褐色。雄性外生殖器：爪形突端部尖细，末端稍微向下弯曲。颚形突窄而直。背兜大，腹面高度骨化。抱器瓣具发达的抱器背，抱器末端长而窄，膜质；抱器腹骨化；基腹弧窄；阳茎端基环高度骨化；阳茎短而粗。雌性外生殖器：肛突不分离。后生殖突很短，前生殖突退化。第 8 腹板背面窄，背板骨化度高，具 2 个对称的片状突起。囊导管长而窄，导管端部具有 1 个骨化度较高的片状结构；交配囊椭圆形，无明显的囊突。

卵圆柱形，两头稍钝，有 16~18 条纵向脊状突起，长 0.52mm，宽 0.31mm，初产时乳白色，后逐渐变为黄色，孵化前可以看到一黑色头壳，幼虫孵化后，卵壳呈蜡白色，形状保持不变。低龄幼虫头深褐色至黑色，颈片褐色，横行，长约是宽的 2 倍，比头壳颜色略淡。取食前体淡黄色，近透明，取食后，身体呈圆柱形，可以看到暗绿色的食物颜色。随着龄期的增加，颜色逐渐加深，到达预蛹阶段后，头略缩于前胸，腹部体节明显缩短，尾部变窄，呈米黄色。蛹，被蛹，长约 9mm，宽 2.5mm，但个体差异较大。整体呈琥珀黄色，表面光滑。腹面可见 4~9 节，气门点明显。

寄主及危害: 在上海地区已发现 3 种寄主植物，主要为害矮生百慕大草坪，在黑麦草 *Lolium perenne*、高羊茅 *Festuca elate* 草坪上有零星发现。幼虫取食草坪草叶片，有时会将草茎切断，虫量较大时整块草坪地上部分被啃食殆尽。

生物学特性: 幼虫有昼伏夜出的规律，白天钻入植物基部土中 1~5cm 处，晚上取食。成虫趋光性较强。

早熟禾拟茎草螟成虫（高磊 摄）

早熟禾拟茎草螟卵、幼虫和蛹（高磊 摄）

早熟禾拟茎草螟对草坪的危害状（高磊　摄）

中国分布: 上海。
其他地区分布: 美国、日本。
入侵中国的最早记录: 2011 年在上海发现严重为害草坪。

89. 椰子木蛾 *Opisina arenosella* Walker

分类地位：鳞翅目 Lepidoptera，木蛾科 Xyloryctidae
英文名称：Coconut black headed caterpillar
其他中文名：椰子织蛾，椰子黑头履带虫，椰蛀蛾

形态特征: 成虫体灰白色，体长雄 7~8mm，雌 9~12mm，通常雌性个体大于雄性。头部灰白色；下唇须乳白色，第 2 节腹面和内侧密布灰白色长鳞毛，鳞毛端部杂黑色，第 3 节散布黑褐色鳞片；触角柄节土黄色；鞭节乳白色，杂黑褐色。胸部和翅基片土黄色至暗灰色，散布黑色鳞片。前翅狭长，土黄色至灰白色，散布黑色鳞片；前缘略拱，顶角钝，外缘弧形后斜；前缘基部约 1/6 黑色，端半部具多条黑色细纵纹；中室中部和翅褶中部各具 1 枚黑点，均由 2~3 枚黑色竖鳞形成，中室端部密布暗灰色鳞片，末端具 1 枚模糊黑点；缘毛与翅同色。后翅灰褐色，缘毛基部 1/3 灰褐色，端部灰白色。前、中足乳白色，前足转节和腿节腹侧黑色，胫节外侧黑色，跗节具浅褐色环；后足土黄色。腹部 2~6 节有背刺。卵长椭圆形，长 0.7~0.9mm，宽 0.4~0.5mm，半透明，初产浅乳黄色，后颜色渐深至红褐色，表面具有纵横网格纹，成堆产于叶片上。幼虫头和前胸黑褐色，中胸两侧红褐色，中胸背面和后胸及腹部淡绿色；体背及体侧具 5 条红棕色至褐色纵带，幼虫老熟后 5 条纵带颜色均变为红色；腹部各节背侧带上方各有 2 个褐色小点，体背 4 个小点呈长方形排列。蛹长圆筒形，初化蛹时浅黄褐色，后黄褐色，羽化前深褐色。

蛹背面第 2~4 腹节前缘具梳状列，中间清晰且长、两侧渐短，且向边缘的渐不清晰；第 2 腹节的有时不清晰。蛹腹末具 1 突柄，柄末端稍膨大，末端两侧对生 2 根毛；腹末节背面端部、突柄基部两侧着生 6 根倒钩。

寄主及危害：寄主为棕榈科、芭蕉科的植物，如椰子树、蒲葵、枣椰树（海枣）、王棕、芭蕉、香蕉、丝葵等。幼虫沿叶脉啃食叶片背部叶肉组织，导致叶片干枯，影响寄主生长，严重时受害叶片卷折、焦枯，整株或成片寄主植物枯死，形似火烧。此外，幼虫可取食苞芽，造成椰树花穗减少、生长迟缓、过早落果，严重影响椰子产量。

椰子木蛾成虫（左雌右雄；吕宝乾　摄）

椰子木蛾卵（吕宝乾　摄）

椰子木蛾幼虫（吕宝乾　摄）

椰子木蛾在老人葵叶片中化蛹（陆永跃　提供）

椰子木蛾的蛹茧（蔡波　摄）

生物学特性: 成虫多将卵产于寄主羽状叶片的背面。卵一般产在老叶上，卵量59~252粒，平均137粒。常化蛹于离幼虫最后危害位置不远处近叶柄部位的粪便颗粒中，少数老熟幼虫通过吐丝、缀紧叶片而形成虫室，藏于其中化蛹。

中国分布: 台湾、海南、广东、广西、云南、福建。

其他地区分布: 印度、斯里兰卡、孟加拉国、缅甸、印度尼西亚、巴基斯坦、泰国和马来西亚等。

入侵中国的最早记录: 2013年8月在海南万宁首次发现。

90. 蔗扁蛾 *Opogona sacchari* (Bojer)

分类地位： 鳞翅目 Lepidoptera，辉蛾科 Hieroxestidae

英文名称： Banana moth，Sugarcane borer，Sugarcane moth

其他中文名： 香蕉蛾，香蕉谷蛾

形态特征: 雌成虫体长7.5~10mm，雄虫略小。体黄褐色，前翅深棕色，披针形；翅面有2个明显的黑色褐斑和许多断续的褐纹；前翅后缘均有毛束，停息时毛束翘起如鸡尾状。雌虫前翅基部有一黑色细线，可达翅中部。触角丝状。足粗壮而扁，跗节最长，后足胫节有2对距。腹部扁平，腹板两侧具褐斑列。卵椭圆形，淡黄色，长约0.5mm，近孵化时色变深黄色。幼虫乳白、透明；头暗红褐色，前口式，上颚发达具5齿；触角在窝内，下唇须色淡而延伸，侧单眼不明显。茧长14~20mm，由白色丝织成，外面粘以木丝碎片及粪粒等杂物。蛹长约10mm，亮褐色，背面暗红褐色，腹面淡褐色，首尾两端多为黑色。

寄主及危害：已知寄主有28科90多种经济作物、观赏植物，主要为害甘蔗、巴西木、香蕉、发财树、马拉巴栗、荷兰铁、马铃薯、竹子、玉米等，包括一些名贵花卉的储藏块茎。以幼虫在寄主表皮下蛀食危害，被害植物轻则局部受损，重则整段干部的皮层被蛀空，只剩一薄层外表皮（皮下充满粪屑）。有时可蛀入木质部表层，留下轻微痕迹；少数可从植株伤口、裂缝处钻入木段髓部，造成空心。幼虫在表皮上咬有排粪通气孔，排出粪屑。野外以在3年以上巴西木木段的干皮内蛀食为多。

蔗扁蛾成虫（左：黄国华 摄；右：黄诚华 提供）

蔗扁蛾成虫头部正面观（黄国华 摄）

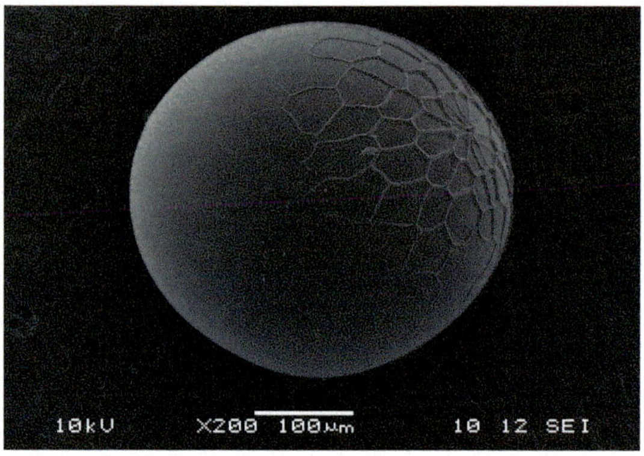

蔗扁蛾的卵（黄国华 摄）

蔗扁蛾的1龄幼虫（黄国华 摄）

蔗扁蛾危害状（海南考察组 提供）

被蔗扁蛾危害后的发财树树干（海南考察组　提供）

被蔗扁蛾危害后的发财树树干的基部（海南考察组　提供）

生物学特性: 以幼虫在寄主的危害部位越冬，卵单产或成堆，每雌产 50~200 粒。幼虫活动能力强，行动敏捷。成虫爬行迅速，并可做短距离的跳跃，喜暗，常隐藏于树皮裂缝或叶片背面。

中国分布: 广东、广西、海南、福建、山东、山西、河南、新疆、四川、上海、江苏、甘肃、吉林、辽宁、天津、北京、浙江、江西、安徽、河北、湖南、云南。

其他地区分布：摩洛哥、尼日利亚、南非、马达加斯加、意大利、英国、德国、波兰、俄罗斯、日本、委内瑞拉、秘鲁、巴西、美国、洪都拉斯等。

入侵中国的最早记录：1987 年随进口的巴西木进入广州。

91. 草地贪夜蛾 *Spodoptera frugiperda* (J. E. Smith)

分类地位： 鳞翅目 Lepidoptera，夜蛾科 Noctuidae
英文名称： Fall armyworm
其他中文名： 秋黏虫

形态特征：成虫体色多变，从暗灰色、深灰色到淡黄褐色均有。体长 16~20mm，翅展 32~40mm，雌蛾个体稍大。雄蛾前翅灰棕色到深棕色，翅面上有呈淡黄色、椭圆形的环形斑，环形斑下角有 1 个白色楔形纹，翅外缘有 1 个明显的近三角形白斑；雌虫前翅灰色至灰棕色，无明显斑纹。雄蛾和雌蛾后翅均为灰白色，翅脉棕色并透明。卵呈圆顶型，直径 0.4mm，高 0.3mm。卵上有棕黄色至灰白色的鳞毛覆盖，通常 100~200 粒卵堆积成块状。卵初产时为浅绿或白色，孵化前渐变为棕色。幼虫共有 6 个龄期，偶为 5 个，体色和体长随龄期而变化。初孵时全身绿色，具黑线和斑点，头呈黑或橙色；低龄幼虫体色仍保持绿色或成为浅黄色，体长 6~9mm，并具黑色背中线和气门线。高龄幼虫体色和体长多变，多呈棕色，也有呈黑色、绿色、淡黄色、暗灰色的个体，体长 30~36mm，头部呈黑、棕或者橙色；体表有许多纵行条纹，背中线黄色，背中线两侧各有 1 条黄色纵条纹，条纹外侧依次是黑色、黄色纵条纹；幼虫最典型的识别特征是头部具黄白色倒“Y”形斑，腹部末节有呈正方形排列的 4 个黑斑。蛹长椭圆形，长 14~18mm，宽 4.5mm，初化蛹时为白色，逐渐变为棕色、红棕色。

草地贪夜蛾雌蛾（左）和雄蛾（右）（齐国君　摄）

草地贪夜蛾卵块（齐国君　摄）

被寄生蜂寄生的草地贪夜蛾卵块（蒋明星　摄）

草地贪夜蛾初孵幼虫形似火柴头
（齐国君　摄）

草地贪夜蛾幼虫，示体表着生的刚毛
（齐国君　摄）

草地贪夜蛾高龄幼虫头部的黄白色倒“Y”形斑、腹部末节的 4 个黑斑
（齐国君　摄）

草地贪夜蛾蛹腹面和背面（齐国君　摄）

草地贪夜蛾蛹的颜色随发育逐渐加深（齐国君　摄）

寄主及危害: 寄主植物范围广，嗜好禾本科，据统计寄主植物已超过350种，包括玉米、甜玉米、高粱、小麦、大麦、荞麦、燕麦、粟、水稻、大豆、花生、棉花、甜菜、甘蔗、烟草、梯牧草、四叶草、黑麦草、苏丹草、苜蓿、马唐、狗牙根、剪股颖属、马唐属、石茅、牵牛属、莎草属、苋属、刺苞草等。根据对寄主的取食偏好，该害虫分为“玉米型”和“水稻型”，前者偏好玉米、高粱和棉花等，后者偏好水稻及各种牧草。草地贪夜蛾可对玉米、水稻、小麦等重要粮食作物造成严重危害。在玉米上，低龄幼虫通常在夜间出来为害，多隐藏在叶片背面取食，取食后形成半透明薄膜“窗孔”，随着龄期增长幼虫取食量逐渐增加，高龄幼虫对玉米的为害更为严重，取食叶片后形成不规则的长形孔洞，叶片呈破烂状，也可将整株玉米的叶片取食殆尽，严重时可造成植株生长点死亡，影响叶片和果穗的正常发育；高龄幼虫还会蛀食玉米雄穗和雌穗。

生物学特性: 完成一个世代要经历卵、幼虫、蛹和成虫4个虫态，世代长短与环境温度及寄主植物有关。适宜发育温度为11~30℃，在28℃条件下30天左右即可完

草地贪夜蛾危害玉米雄穗（齐国君 摄）

草地贪夜蛾危害玉米雄穗（齐国君 摄）

草地贪夜蛾危害玉米果穗（齐国君 摄）

草地贪夜蛾危害玉米果穗（齐国君 摄）

被草地贪夜蛾危害后的玉米叶片（蒋明星　摄）

成一个世代，而在低温需要 60~90 天，1 年可发生多个世代，在气候温暖区域可全年发生。成虫具很强的飞行能力，可在高空借助风力进行远距离迁飞，每晚可飞行几百公里，由此实现快速、大范围扩散蔓延。生殖力强，雌虫可多次交配产卵，一生可产卵 900~1000 粒。成虫具趋光性，一般在夜间迁飞、交配和产卵。卵块通常产于叶片背面，低龄幼虫可通过吐丝，并借助风力扩散转移到周边的植株上继续为害，高龄幼虫食量大，具假死和自相残杀的习性，种群数量大时，幼虫如行军状，成群扩散。老熟幼虫在土壤中筑蛹室化蛹，形成土沙粒包裹的茧，也可在为害寄主植物如玉米雌穗上化蛹。

中国分布：截至 2019 年 8 月 17 日，已在云南、广西、广东、贵州、湖南、海南、福建、江西、浙江、湖北、四川、重庆、河南、西藏、安徽、上海、江苏、陕西、甘肃、台湾、山东、山西、宁夏、河北等 24 个省份发现。

其他地区分布：已分布于全球 100 多个国家和地区，包括美洲大陆、撒哈拉以南的

40 多个非洲国家，以及也门、印度、斯里兰卡、孟加拉、尼泊尔、泰国、缅甸、越南、老挝、柬埔寨、印度尼西亚、马来西亚、韩国、日本等亚洲国家。

入侵中国的最早记录: 2019 年 1 月 11 日在云南普洱江城发现其入侵。

92. 曲纹紫灰蝶 *Chilades pandava* (Horsfield)

分类地位: 鳞翅目 Lepidoptera，灰蝶科 Lycaenidae

英文名称: Cycad blue butterfly

其他中文名: 苏铁绮灰蝶，苏铁小灰蝶

形态特征: 雄虫体长约 9mm，翅展约 24mm，雌虫略大。复眼后方及胸部均被灰黑色鳞毛，触角棒状，各节基部白色。体表黑色，腹部背面黑灰色，腹面灰白至深灰色。翅面为蓝紫色，前翅反面后中横斑列黑褐色；后翅反面后中横斑列间断，上端 2 个内移。翅基有 3 个特别明显的斑。老熟幼虫长约 9mm，扁椭圆形，身被短毛，种群密度低时体呈绿色或黄色，密度高时呈红色或紫红色，背面色较浓，各节分界不明显。蛹短椭圆形，长约 8mm，宽约 3mm；背面呈褐色，被棕黑色短毛，胸腹部分界较明显，腹面淡黄色，翅芽淡绿色。

寄主及危害: 幼虫为害苏铁，尚未见为害其他植物的报道。常群集于苏铁新抽羽叶和叶轴部位，数天内即能将幼嫩部分蛀食得残缺不全，严重时将嫩羽叶食尽，仅剩下破絮状的残渣和干枯叶轴与叶柄。球花被害时轻则部分花粉受损，球花被蛀食得千疮百孔，重则钻蛀入底柱、柱心，使整个球花萎靡干枯倒垂，胚珠、花粉不能成熟，直至死亡，严重影响苏铁的生长繁殖与观赏价值。

生物学特性: 一年发生 6~7 代，以蛹在枯枝烂叶上越冬。卵散产于苏铁新抽羽叶和球花上，幼虫孵化后约 1h 即群集钻蛀羽叶和球花幼嫩组织。幼虫共 4 龄，3 龄后期即边取食边向树基部爬行，寻找隐蔽处，4 龄后基本不取食而化蛹。

在小枝上休息的曲纹紫灰蝶（虞国跃　摄）

正在“日光浴”的曲纹紫灰蝶（虞国跃　摄）

曲纹紫灰蝶卵（贾凤海 摄）

曲纹紫灰蝶幼虫（贾凤海 摄）

曲纹紫灰蝶老熟幼虫（左）、蛹和正化蛹的幼虫（右）
（贾凤海 摄）

曲纹紫灰蝶幼虫，蚂蚁给予适当保护
（虞国跃 摄）

曲纹紫灰蝶幼虫正在为害苏铁（吴金海 摄）

苏铁被害状（虞国跃 摄）

中国分布: 广东、广西、浙江、福建、江西、香港、台湾、陕西、河南、四川、重庆、云南、贵州、北京、上海、江苏、湖南。

其他地区分布: 印度、泰国、缅甸、马来西亚、斯里兰卡、新加坡、菲律宾、日本、韩国、马达加斯加、关岛、马斯卡瑞恩岛。

入侵我国的最早记录: 台湾 1976 年已有记载（误用名 *Lampides boeticus*），但未能确定是本地种还是引入种。20 世纪 80 年代末和 90 年代初分别在广西桂林和广东广州发现（学名误定）。

93. 热带火蚁 *Solenopsis geminata* Fabricius

分类地位：膜翅目 Hymenoptera，蚁科 Formicidae

英文名称：Tropical fire ant

其他中文名：红蚂蚁

形态特征：体长 3~8mm。头部褐色，体红棕色，头部和身体光滑，无刻蚀。①工蚁：体长 3~4mm，体浅红色至红褐色，头部和中胸背板毛密。头部近正方形至近梯形，长 1.1~2.2mm，宽 1.0~2.3mm。复眼前轻微凹陷；头顶中间明显下凹，有带横纹的纵沟伸向额部，头顶两侧叶近半球形。唇基两侧齿明显，齿间前缘凹陷，不具明显小齿，上颚具平钝的齿。复眼由数十个小眼组成，偶见中单眼。触角柄节短。前胸背板前缘两侧圆，中胸侧板前腹边厚，多缺刻，呈齿状或角状突起。胸腹节背面和其后斜面两侧具脊状突起。后腹柄结略宽于前腹柄结，后腹柄结后面着生横纹与刻点，前腹柄结腹面的柄腹突由 1~2 个小齿构成，罕见较窄的半透明突起。②兵蚁：体长 5~6mm。正面观头部几乎正方形，头部比例较大，后头部明显凹陷。蚁大颚内缘无小齿，无头盾中齿。③雄蚁：体长 7~8mm，体黑色，着生翅 2 对，头部小，触角丝状，复眼大。④生殖型雌蚁：有翅型雌蚁体长 7~8mm，头及胸部棕褐色，腹部黑褐色，着生翅 2 对，头部细小，触角呈膝状。⑤卵：圆形，乳白色，0.2~0.3mm。⑥幼虫：共 4 龄，

兵蚁背面（石庆型、吕利华 摄）

兵蚁侧面（石庆型、吕利华 摄）

兵蚁头部正面（石庆型、吕利华 摄）

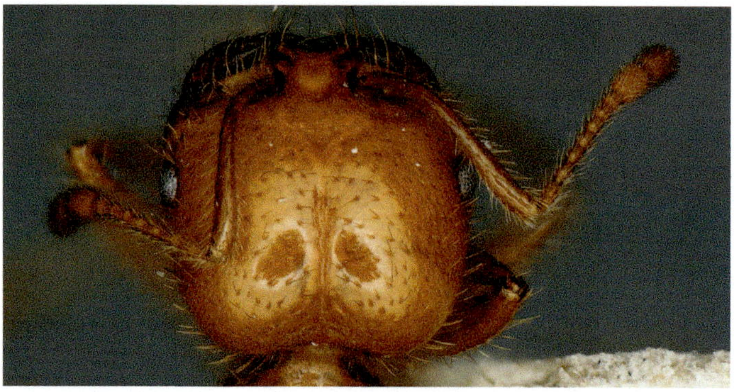

兵蚁头部背面（石庆型、吕利华 摄）

工蚁背面
（石庆型、吕利华　摄）

工蚁侧面
（石庆型、吕利华　摄）

工蚁头部背面
（石庆型、吕利华　摄）

热带火蚁蚁道（齐国君　摄）

热带火蚁在黄秋葵上聚集取食蚜虫蜜露（齐国君　摄）

各龄均乳白色。⑦蛹：裸蛹，乳白色，工蚁蛹长 0.6~0.7mm，有性生殖蚁蛹长 5~6mm，触角和足均外露。⑧蚁巢特征：蚁巢向上突起通常不明显。

寄主及危害： 主要发生在向阳的开阔地带，如荒坡、草地、路边、苗圃、水坝、水塘边、公园绿地、田埂、路边坡等。食性杂，以生态环境中小动物为食，或取食作物的种子、果实、幼芽、嫩茎与根系，给农作物造成严重伤害。也可攻击人畜，以螯针刺入动物皮肤注射毒液。

生物学特性： 工蚁从卵发育为成虫一般需 20~45 天，兵蚁 30~60 天，繁殖蚁 180 天。个体较小的工蚁和兵蚁寿命 2~3 个月，个体较大者 3 个月以上。蚁后寿命一般 3~4 年，个别达 5 年或以上。有翅繁殖蚁可四季产生，于天气温暖时（春末夏初）飞出蚁巢交配；交配后的雌蚁寻找潮湿区域，建立新的巢穴脱翅成为蚁后，并产卵繁殖建立新群。

中国分布： 台湾、香港、广东、广西、海南、香港。

其他地区分布： 热带、亚热带的南美地区。

入侵中国的最早记录： 1920 年左右在广东发现。

94. 红火蚁 *Solenopsis invicta* Buren

分类地位： 膜翅目 Hymenoptera，蚁科 Formicidae

英文名称： Red imported fire ant

其他中文名：外引红火蚁、泊来红火蚁

形态特征: 小型工蚁体长2.5~4.0mm。体棕红色至棕褐色，略有光泽，腹节间色略淡，第2、第3腹节背面中央常有近圆形淡色斑。头略呈方形，复眼细小，黑色。唇基明显，两侧各有一齿，内缘中央具三角形小齿，该齿基部上方具刚毛1根；上唇退化；上颚发达，内缘有4个明显小齿。触角10节，柄节最长，鞭节端部2节明显膨大呈棒状。前胸背板前端隆起，前、中胸背板的节间缝不明显，中、后胸背板的节间缝明显，胸腹部连接处有2个明显凸起的结节，一个为扁锥状，另一个呈圆锥状。腹部卵圆形，末端有螫针伸出。大型工蚁体长6.0~7.0mm，体橘红色，腹部背板色略暗。上颚发达，黑褐色。体表略有光泽，体毛较短小，螫针常不外露。蚁巢外观呈明显隆起的土丘状，直径一般在25~46cm，高度为15~35cm，蚁巢的出口处常有泥沙堆积。

寄主及危害: 喜欢筑巢于水源附近、阳光充足的开阔地带。不仅攻击人类和动物，还能取食植物，包括农作物的种子、果实、幼芽、嫩茎与根系；通过竞争、捕食，大量减少一些本地物种的数量，严重破坏被入侵地的生态结构，降低生物多样性。极具攻击性，当蚁巢受到惊扰时，蚁群会倾巢出动攻击入侵者。人体被红火蚁螫针刺后有灼伤般疼痛感，可出现如灼伤般的水泡、脓包，敏感体质人群出现局部或全身过敏，甚至休克、死亡。还可对公共设施如电力、通信系统造成一定危害。5~10月为发生危害的高峰期。

红火蚁工蚁（左：刘彦鸣 摄；右：吕利华 提供）

红火蚁有翅繁殖蚁（图中具翅者，刘彦鸣 摄）

红火蚁蚁后及卵（吕利华 提供）

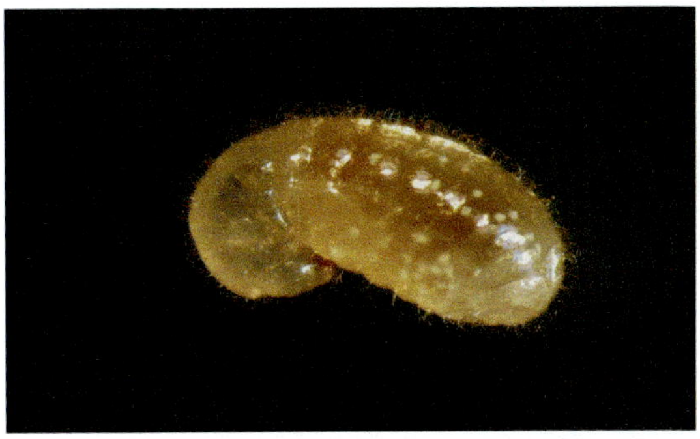

红火蚁幼虫和蛹（刘彦鸣　摄）

红火蚁蚁巢及其蜂窝状结构（左：刘彦鸣　摄；右：齐国君　摄）

红火蚁攻击其他动物（刘彦鸣　摄）

生物学特性：营社会性生活。平时以蚁丘为中心，呈放射状向四周觅食。食性杂，捕杀昆虫、蚯蚓、青蛙、蜥蜴、鸟类和小哺乳动物，也采集植物种子，但更喜欢高蛋白质和高油脂含量的食物。蚁巢多筑于近水源、阳光充足的开阔地带的土壤中。适应性极强，在 –17.8℃的环境下仍可生存。成熟种群数量可达 20 万 ~50 万头。蚁后的生殖能力可持续 5~7 年，每天产卵 1500~5000 粒；卵经过 20~45 天发育为中小型工蚁，30~60 天发育为中大型工蚁，80 天后发育为大型兵蚁、蚁后和雄蚁。工蚁和兵蚁寿命 1~6 个月。新建蚁巢经过 4~5 个月开始成熟并产生有翅生殖蚁，雌、雄有翅繁殖蚁在空中进行婚飞活动，交配后大多飞行数米至数十米后降落、筑巢，少数可随气流飞行几百米至数千米。

红火蚁群集状（刘彦鸣　摄）

中国分布：湖北、浙江、福建、江西、湖南、广东、广西、海南、重庆、四川、贵州、云南、台湾、香港、澳门。

其他地区分布：巴西、阿根廷、巴拉圭、巴拿马、美国、波多黎各、新西兰、澳大利亚、马来西亚。

入侵中国的最早记录：2003 年 9 月在台湾发现，2004 年 9 月在广东吴川发现，2005 年 1 月在湖南张家界和香港发现，同年 2 月在澳门发现。

95. 细足捷蚁 *Anoplolepis gracilipes* (Smith)

分类地位：膜翅目 Hymenoptera，蚁科 Formicidae

英文名称：Yellow crazy ant，Long-legged ant

其他中文名：长足捷蚁，长角捷蚁，黄疯蚁

形态特征：体长 4mm 左右，足和触角较长。体淡黄色，腹部深棕色至黑色。体表刻纹不明显，光滑亮泽。头部卵圆形，触角 11 节，每节长均大于宽；柄节至少为头长的 2 倍；复眼大而突出；上颚具 8 小齿；唇基中部伸出，前缘突出，不具纵向隆线。具翅胸部细长；前胸背板窄，背部较直。中胸背板前部起向后至并胸腹节轻微下凹；后胸沟缺失；并胸腹节无刺突，背面有些凸起，具一个倒“V”形缝，仅 1 个结节。头和腹部具直立毛，中胸背面无毛。腹部末端不具螯刺，具腺孔。

寄主及危害：可发生于农田、森林、草地、城市等多种生境中。入侵森林生态系统后迅速建立较高的种群密度，通过捕食、竞争降低生物多样性，破坏原有生态系统的结构与功能。除直接危害外，该蚁能与分泌蜜露的昆虫（包括一些重要农林害虫如蚜虫、介壳虫等）建立互作关系，保护后者免受天敌寄生或捕食，从而促进其发生，加重对作物或林木的危害。可通过喷射蚁酸伤人，影响人类健康。是世界自然保护联盟（IUCN）

公布的全球 100 种最具威胁的入侵种之一。

生物学特性: 食性杂，以动物腐烂尸体、植物汁液（花蜜等）、半翅目昆虫蜜露等为食。攻击性、活动能力强。从卵发育至羽化 76~84 天。工蚁寿命约 6 个月，蚁后可存活数年。由于腹部无螯针，靠喷射甲酸来征服或杀死被捕食者。为多蚁后型种群，故常形成个体数量庞大的超级种群。

细足捷蚁工蚁（雷波　提供）

细足捷蚁与半翅目昆虫建有互利关系（雷波　提供）

细足捷蚁生境之一（雷波　摄）

细足捷蚁在植物上活动（雷波　摄）

细足捷蚁被蜘蛛捕食（雷波　摄）

中国分布: 广东、广西、云南、福建、海南、台湾、香港、澳门、西藏等。

其他地区分布: 广泛分布于亚洲热带潮湿低地、印度洋、太平洋及南北回归线之间的区域，包括文莱、柬埔寨、印度、印度尼西亚、马来西亚、缅甸、巴布亚新几内亚、菲律宾、新加坡、斯里兰卡、泰国、越南、留尼汪岛、毛里求斯、罗德里格斯岛、坦桑尼亚、塞舌尔、澳大利亚、波利尼西亚、斐济、墨西哥、美国（夏威夷群岛等）、智利（复活节岛等）等。

入侵中国的最早记录: 不详。

96. 广大头蚁 *Pheidole megacephala* (Fabricius)

分类地位: 膜翅目 Hymenoptera，蚁科 Formicidae

英文名称: Big-headed ant，Brown house-ant，Coastal brown-ant，Lion ant

其他中文名: 大头蚁

形态特征: 兵蚁体长 3.5~4.0mm。体红褐色至黄褐色，触角鞭节、足和两结节颜色稍浅，后腹部常染深褐色。头长稍大于宽或近相等，后头缘浅凹；后头沟宽，至头顶处中央具一刻纹。唇基中部稍下陷，具细中脊，其前缘中央宽凹。上颚略具刻点，较光亮。额脊向后延伸成纵刻纹，与触角柄节等长。前胸背板背面观近棱形，前缘略具刻点，侧瘤明显；中胸背板陡直，刻点稀疏，横沟和横脊不明显。第 1 结节略呈三角形，背缘平直，有些个体在其中部微凹陷或两侧具端齿状突；第 2 结节横宽，约为自身长的 2 倍，两侧缘角状突出。后腹部宽卵形。

工蚁体长 2.2~2.5mm。体黄色至黄褐色，头颜色常较深，后腹部染深褐色。头卵形，后头缘圆。体光亮。中胸侧板及并胸腹节具密集刻点。两结节刻点弱。

生境及危害: 出没于城市和茂盛的森林，通过取代当地蚂蚁、捕食当地的多种无脊椎动物，直接影响当地的生物多样性，常给被入侵地带来严重的生态灾难。还可通过保护为其提供蜜露的蚜虫、介壳虫等害虫，间接加剧对作物的危害。另外，可对电缆、水管和电话线保护层等造成严重威胁。

广大头蚁兵蚁背面、侧面及头部正面

（Hirotami T、Imai 和 Masao Kubota 摄；引自 Japanese Ant Image Database）

广大头蚁（刘彦鸣 摄）

生物学特性: 捕杀昆虫、蚯蚓、青蛙、蜥蜴、鸟类和小型哺乳动物，也采食植物种子，但更喜欢高蛋白质和高油脂含量的食物。营社会性生活，繁殖力极强，生长速度快。蚁后生殖能力可持续 5~7 年，每月产卵量最高达 292 粒。主要通过从母群体分出新群体的方式扩展数量和范围。在潮湿、有阴地区数量较大。若水源紧张，活动会受到限制；雨林、干枯的藤蔓灌木丛等环境有利其繁殖。

中国分布: 福建、广东、广西、海南、江苏、云南、台湾、香港。

其他地区分布: 原产于热带非洲，现在遍布整个热带潮湿地区。

入侵中国的最早记录: 不详。《中国蚂蚁》（吴坚和王常禄，1995）有记录。

97. 刺桐姬小蜂 *Quadrastichus erythrinae* Kim

分类地位：膜翅目 Hymenoptera，姬小蜂科 Eulophidae

英文名称：Erythrina gall wasp

其他中文名：刺桐釉小蜂

形态特征: 雌虫体型较雄虫大，体长 1.45~1.60mm，黑褐色有光泽，间有黄斑。头部浅黄色，3 个红色单眼略呈三角形排列；复眼棕红色，近圆形。触角 9 节，浅棕色，柄节柱状，高超过头顶；梗节长为宽的 1.3~1.6 倍；环状节 1 节，3 节索节大小相似，侧面观每节具 1~2 根长与索节相近的感觉器，每根感觉器与下一索节相接；棒节 3 节，较索节粗，长度与 2、3 索节之和相等，第 3 棒节收缩呈圆锥状，末端具 1 乳状突。前胸背板黑褐色，有 3~5 根短刚毛，中间具一凹形浅黄色横斑。小盾片棕黄色，具 2~3 对刚毛，中间 2 条纵线呈浅黄色。翅无色透明，翅面纤毛黑褐色，翅脉褐色，亚前缘带基部至中部具一刚毛，翅室无刚毛，后缘脉几乎退化。腹部褐色，背面较腹面色深，第 2 背板有浅黄色斑从两侧斜向中线，止于第 4 背板。前、后足基节黄色，中足基节浅白色，腿节棕色。产卵器鞘不突出，藏于腹内。雄虫体长1.0~1.15mm，触角10节。头和触角均为浅黄白色；前胸背板中部具浅黄白色斑。小盾片浅黄色。腹部上半部浅黄色，第1、第2节背板浅黄白色。足均为黄白色；外生殖器延长，阳茎长而突出，并具1对腹侧突。老熟幼虫乳白色，体略透明，蛆型。蛹为离蛹，刚化蛹时乳白色，之后逐渐加深，近羽化时体色与成虫相近。

寄主及危害：只为害刺桐属植物，如刺桐、杂色刺桐、金脉刺桐、珊瑚刺桐、鸡冠刺桐、龙牙花、印度刺桐等。幼虫在叶片、嫩枝内取食，这些部位受到幼虫唾液分泌物的刺激后逐渐膨大成水泡状虫瘿，并迅速蔓延到全株。由于植株内大量营养物质被取食，导致受害树木发育不良，生长迟缓，叶片、花蕾、幼果和嫩芽大量脱落，受害嫩枝干枯，严重时引起植株大量死亡。

生物学特性：世代历期短，重叠严重。卵单产于寄主植物的新叶、叶柄、嫩枝或幼芽表皮组织内。叶片上大多数虫瘿内只有1头幼虫，少数虫瘿内有2头幼虫；茎、叶柄和新枝组织内幼虫数量可达5头以上。在虫瘿内化蛹和羽化。成虫有一定的趋黄性和明显的趋光性，雄虫比雌虫活跃；有一定的飞行能力，可进行近距离的传播扩散。

中国分布：台湾、福建、海南、广西、广东。

其他地区分布：印度、泰国、日本、塞舌尔、越南、菲律宾、马来西亚、毛里求斯、留尼汪、新加坡、美国。

入侵中国的最早记录：2003年首次发现于台湾，2005年7月发现于广东深圳。

刺桐姬小蜂雌成虫（虞国跃　摄）

刺桐姬小蜂雄成虫（虞国跃　摄）

虫瘿内的刺桐姬小蜂蛹（虞国跃　摄）

刺桐嫩枝上的虫瘿（虞国跃　摄）

刺桐叶片上的虫瘿（虞国跃 摄）

被刺桐姬小蜂为害的刺桐（虞国跃 摄）

98. 桉树枝瘿姬小蜂 *Leptocybe invasa* Fisher & La Salle

分类地位： 膜翅目 Hymenoptera，姬小蜂科 Eulophidae

英文名称： Blue gum chalcid

其他中文名： 无

形态特征： 体较小；雌虫体长为 1.1~1.4mm，褐色，略带蓝绿色金属光泽。头扁平，骨化程度较弱，易皱缩；呈三角形排列的 3 个单眼周围有一深沟；侧单眼间距明显长于单复眼间距；复眼暗红色，近圆形；颚眼沟明显弯曲，颊相对较大，圆形；唇基端部呈双叶状凸出。触角 9 节，柄节、梗节黄色；其余褐色至浅褐色。触角窝位于唇基和中单眼之间、复眼连线上方。前胸背板短，中胸盾片无中线，侧缘有 2~3 根短刚毛；小盾片近方形；并胸腹节长，无中脊和侧褶。前足基节黄色，中、后足基节黑色，腿节和跗节黄色。翅透明，亚前缘脉具 3~4 根刚毛；痣后脉短于翅痣的 1/4；翅痣与后缘脉之间有一透明小区；基室无刚毛。腹部短，卵形，肛下板只伸至腹部的一半。产卵器鞘短，长度不达腹部末端。雄虫形态近似于雌蜂，略修长，体长为 0.8~1.2mm，略小于雌虫；触角 10 节，梗节中部具腹面突，索节和棒节轮生纤长触角毛；足基节褐色至暗褐色，具有金属光泽，前翅透明，无痣后脉；痣脉至前缘区域几乎光裸；腹部与胸部等长。卵乳白色，棒状，由卵柄和卵体两部分组成，卵柄略呈弓形弯曲。幼虫蛆型且近球形，微小，乳白色球状，无足。蛹为离蛹，卷曲呈近球形；初化蛹时为乳白色，略透明，之后颜色逐渐加深，老熟时体色与成虫相近。

寄主及危害：主要为害桉属树木的幼苗。受害部位多集中于树冠上层枝叶。寄主受害后，在叶脉、叶柄、嫩梢、嫩茎、嫩枝上均可形成虫瘿，叶、枝肿大，新梢和侧枝丛生。造成苗木变形、倒伏、枝叶枯萎凋落、植株矮化、生长迟缓，基本不能成林。

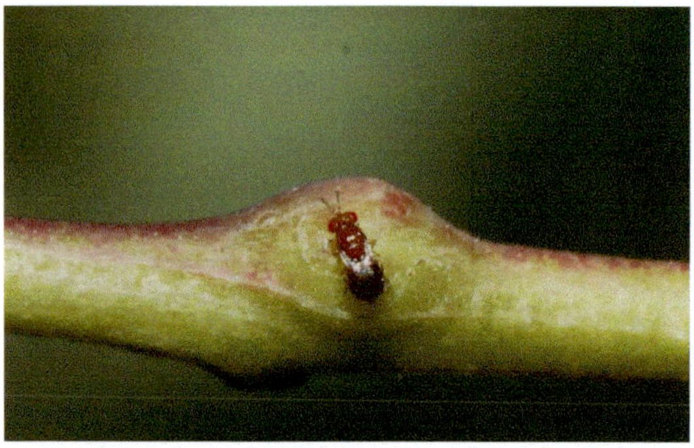
桉树枝瘿姬小蜂成虫（虞国跃　摄）

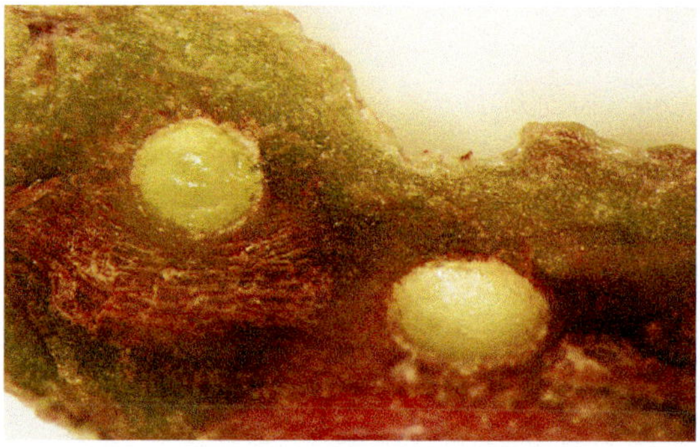
虫瘿内的桉树枝瘿姬小蜂（许再福　提供）

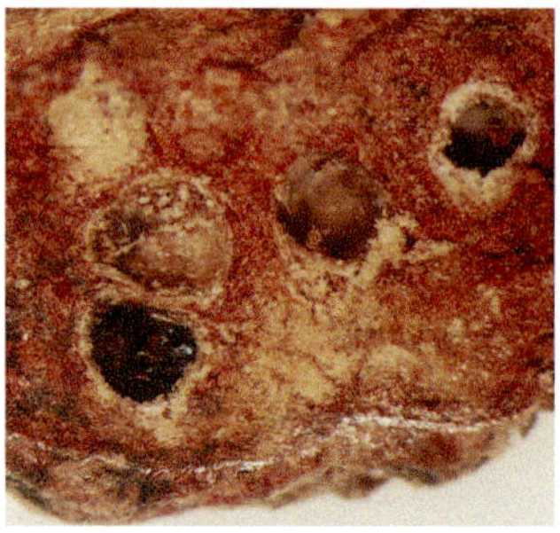
虫瘿表面的蜂孔（许再福　提供）

桉树枝瘿姬小蜂在嫩枝上的虫瘿（虞国跃　摄）

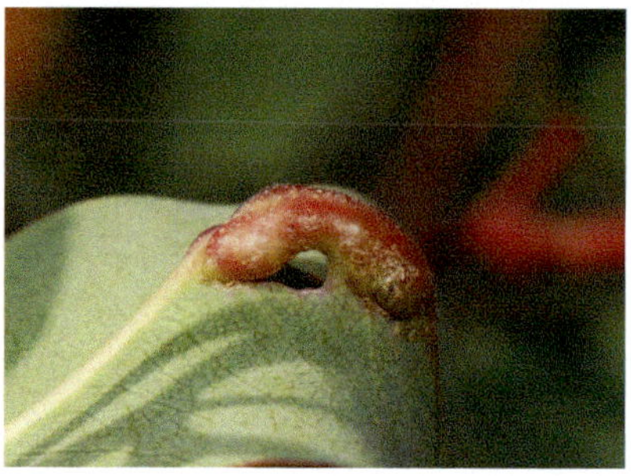
桉树枝瘿姬小蜂在叶片上的虫瘿（虞国跃　摄）

桉树枝瘿姬小蜂危害状（海南考察组　提供）

桉树枝瘿姬小蜂生境之一（海南考察组　提供）

生物学特性: 孤雌生殖，繁殖能力强。自然条件下一年发生 2~3 代，世代重叠，以老熟幼虫或蛹在虫瘿内越冬。卵多产于 1~2 周内萌芽的嫩叶、嫩梢和幼嫩叶柄、中脉两侧和上皮组织中，呈一直线排开。幼虫于瘿室内发育直至羽化。一张叶片上的虫瘿通常为 3~6 个，虫瘿颜色随内部幼虫的发育进度而异。

中国分布: 广西、广东、海南、福建、云南、江西、四川、湖南、台湾。

其他地区分布: 澳大利亚、法国、意大利、新西兰、葡萄牙、西班牙、希腊、阿尔及利亚、摩洛哥、肯尼亚、叙利亚、坦桑尼亚、乌干达、南非、叙利亚、约旦、黎巴嫩、以色列、意大利、土耳其、伊朗、泰国、越南、印度、柬埔寨。

入侵中国的最早记录: 2007 年首次在广西东兴发现。

99. 松树蜂 *Sirex noctilio* Fabricius

分类地位： 膜翅目 Hymenoptera，树蜂科 Siricidae

英文名称： Sirex woodwasp，Eurasian woodwasp

其他中文名： 辐射松树蜂，云杉树蜂，蓝树蜂

形态特征: 成虫体圆柱形，较粗壮，体长 10~44mm，个体大小差异很大，雌稍大于雄。雄虫头部和胸部具蓝色金属光泽，腹部基部和腹末呈黑色，中部橘黄色，后足粗大、黑色。雌虫头部、胸部和腹部黑色，具有蓝色金属光泽，胸足橘黄色；产卵器针状，约为体长的 1/3，休止时置于产卵鞘内；产卵器腹面具刻点，腹面中部刻点间距与刻点本身直径近等长；后足跗节第 2 节跗节垫长度是跗节第 2 节的 0.3~0.4 倍。雌雄两性腹末均尖状。幼虫寡足型，乳白或淡黄色圆柱形，尾部有橘红色尾突。卵乳白色，梭状，长 1.0~1.5mm。

寄主及危害: 主要为害松属（*Pinus*）树种，特别是辐射松（*Pinus radiata*）和北美南方松类的其他树种，也为害云杉属（*Picea*）、落叶松属（*Larix*）等种类。产卵约 0.5 h 后树脂从产卵处流出，长时间流脂凝聚呈泪滴状。产卵时，雌虫将其储菌囊内携带的共生真菌 *Amyloserenum areolatum*（一种淀粉韧革菌）和分泌的毒素黏液带入寄主木质组织中；真菌可阻断水分传导，使木质干化，黏液可导致针叶枯萎黄化，使树势下降，更适合真菌在树干内传播。两者的复合作用可导致树木死亡。在严重入侵区域，可造成 80% 的松树死亡。

生物学特性: 雌虫既可两性生殖又可孤雌生殖，孤雌生殖的后代均为雄性。成虫不取食，可飞行数千米。雌虫选择树势弱或受伤的树产卵，产卵 20~500 粒。卵产于树皮下约 1cm 处，产卵孔直径约 0. 5mm。幼虫孵化后向树干内钻蛀，被害树干表面无排粪孔，虫粪和蛀屑呈粉末状，堆满蛀道。在木质部近表处（树皮下 1~2cm）化蛹，羽化孔圆形，直径 2~7mm。

中国分布: 黑龙江、吉林、辽宁、内蒙古。

其他地区分布: 阿尔及利亚、加那利群岛、摩洛哥、北非、南非、蒙古国、西伯利亚、土耳其、澳大利亚、新西兰、阿根廷、巴西、乌拉圭。

入侵中国的最早记录: 2013 年在黑龙江大庆首次发现危害。

松树蜂雌成虫
（任利利　摄）

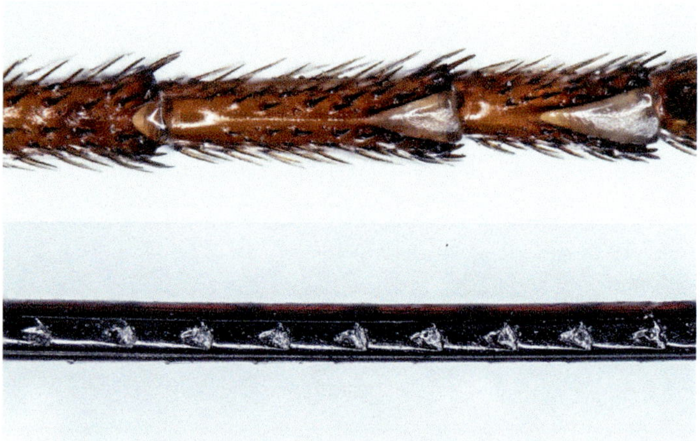

松树蜂雌虫的后足跗节（示跗节垫）和内产卵瓣（示刻点）
（任利利　摄）

松树蜂幼虫及其危害坑道（骆有庆　摄）

松树蜂产卵孔处的流胶（任利利　摄）

松树蜂羽化孔（任利利　摄）

松树蜂危害状（任利利　摄）

100. 意大利蜂 *Apis mellifera ligustica* Spinola

分类地位：膜翅目 Hymenoptera，蜜蜂科 Apidae

英文名称：Italian honey bee， Ligurian bee

其他中文名：意大利蜜蜂

形态特征：个体比欧洲黑蜂 *Apis mellifera mellifera* L. 略小。腹部细长，腹板颜色鲜明，黄色。工蜂腹部第 2~4 节背板的前缘有黄色环带，在原产地，黄色环带的宽窄及色调的深浅变化很大；体色较浅的意蜂常具有黄色小盾片，特浅色型的意蜂仅在腹部末端有一棕色斑，称为黄金种蜜蜂。绒毛为淡黄色。工蜂的喙较长，平均为 6.5mm；腹部第 4 节背板上绒毛带宽度中等，平均为 0.9mm；腹部第 5 节背板上覆毛短，其长度平均为 0.3mm；肘脉指数中等，平均为 2.3。

寄主及危害：分布于森林、耕地、植物园、公园及与人类相关的其他生境中。意大利蜂凭借其种群数量优势迫使本地蜜蜂取食质量较差、回报较少的蜜源植物，导致后者繁殖力下降。而且意蜂的取食效率也明显高于本地蜜蜂。由于意蜂不能为当地植物高效传粉，其入侵可导致当地一些植物不能正常结果或少结果，影响植物多样性和群落结构。

生物学特性：产育力强，育虫节率平缓；分蜂性弱，易维持大群。对大宗蜜源的采集力强，但对零星蜜粉源的利用能力较差。泌蜡造脾能力强。定向力较差，易迷巢，盗性强。

中国分布：全国各地均有分布。

其他地区分布：从 19 世纪 50 年代开始，即先后引到德国、波兰、英国、美国、澳大利亚、俄罗斯、新西兰等国。已适应从亚热带到寒温带的大部分气候条件，分布广泛，但具体不详。

入侵中国的最早记录：1913 年，福建闽侯从日本引进意大利蜂。

意大利蜂（仇志强 摄）

101. 松材线虫 *Bursaphelenchus xylophilus* (Steiner & Buhrer) Nickle

分类地位: 线虫门（Nematoda）侧尾腺纲（Secernentea）滑刃目（Aphelenchida）滑刃科（Aphelenchoididae）

英文名称: Pine wood nematode，Pine wilt nematode

其他中文名: 无

形态特征: 雌、雄虫都呈蠕虫形，虫体细长。唇区高，缢缩显著，前缘圆。口针细长，基部稍增厚，中食道球卵圆形，占体宽的2/3以上，瓣门清晰。食道腺细长叶状，覆盖肠前端背面约3倍体宽长。排泄孔开口大致与食道和肠交界处平行，半月体位于中食道球后约2/3体宽处。单卵巢，前伸、直，阴门开口于虫体后部约73%处，有较宽的阴门盖。后阴子宫囊延伸呈袋状，长约为肛阴距的3/4。尾亚圆柱形，末端宽圆，少数有短小的尾尖突。雄虫交合刺大，弓状，成对，喙突显著，远端膨大如盘状，尾圆锥形，向腹弯曲似鸟爪，末端被小的卵形交合伞包裹。

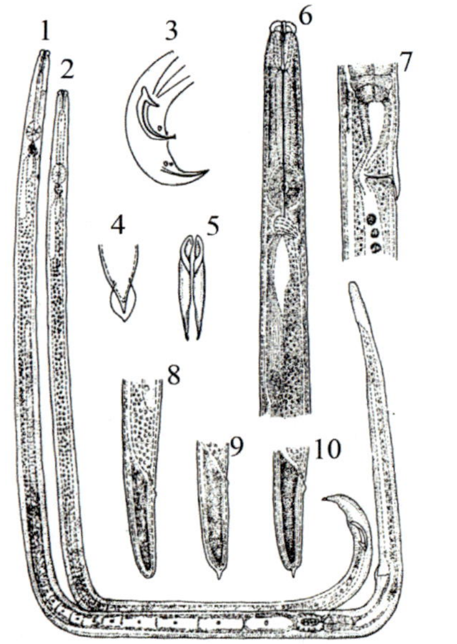

松材线虫（仿 Mamiya and Kiyohara, 1972；Nickle et al., 1981）

1. 雌虫；2. 雄虫；3. 雄虫尾部；4. 雄虫尾部腹面（示交合伞）；5. 交合刺腹面；6. 雌虫前部；7. 雌虫阴门；8~10. 雌虫尾部

松材线虫与我国发生的另外一种伞滑刃线虫即拟松材线虫形态相近。两者形态的主要区别在于雌虫尾部：松材线虫雌虫尾亚圆柱形，末端宽圆，无尾尖突或仅有短小的尾尖突，尾尖突长度不超过2μm，一般为1μm左右；而拟松材线虫雌虫尾亚圆锥形，尾端有尾尖突，长度在3.5μm以上，一般为5μm左右。

寄主及危害: 寄主有81种松属（*Pinus*）植物（包括变种、杂交种）和25种铁杉属（*Tsuga*）、冷杉属（*Abies*）、黄杉属（*Pseudotsuga*）、落叶松属（*Larix*）、云杉属（*Picea*）和雪松属（*Cedrus*）植物。自然条件下感病的松属植物有47种，非松属植物13种。寄生在松树体内而导致树木迅速死亡。此病具毁灭性，被称为松树的“癌症”，已对我国森林资源、自然景观和生态环境造成严重破坏。

生物学特性: 高温干旱有利于松材线虫发生。松材线虫病的自然传播靠昆虫完成。能携带传播该线虫的昆虫有46种，其中以墨天牛属（*Monochamus*）为主，在亚洲国家，松墨天牛为最主要的传播媒介。该线虫的生活史包括取食寄主植物阶段（繁殖阶段）和取食真菌阶段（分散阶段）。春末夏初，持久型4龄幼虫（传播虫态）通过媒介天牛在健康松树上补充营养造成的伤口进入树体内，很快蜕皮变为成虫而进入繁殖阶段。夏季，线虫大量繁殖并扩散至松树全身，造成树体衰弱；夏末至秋季，松树在线虫和天牛的双重作用下死亡后，线虫开始取食真菌，进入分散阶段，并于秋末冬初以分散型3龄幼虫

松材线虫危害状（李中安　提供）

被松材线虫危害的林地（李中安　提供）

越冬。翌春，线虫越冬幼虫向天牛蛹室聚集，蜕皮变成持久型4龄幼虫，而后被羽化后的天牛成虫携带脱离枯死树，重新感染健康松树。

中国分布: 江苏、安徽、广东、山东、浙江、上海、湖北、福建、重庆、广西、江西、湖南、贵州、四川、云南、河南、陕西、辽宁、台湾、香港。

其他地区分布: 松材线虫源自北美洲，目前分布于美国、加拿大、墨西哥、日本、韩国、葡萄牙等多个国家，其中以日本受害最重。

入侵中国的最早记录: 1982年在江苏南京中山陵首次发现。

102. 香蕉穿孔线虫 *Radopholus similis* (Cobb) Thorne

分类地位: 线虫纲（Nematoda），垫刃目（Tylenchida），短体线虫科（Pratylenchidae）

英文名称: Burrowing nematode

其他中文名: 相似穿孔线虫

形态特征: 雌虫：成熟时体长0.60~0.75mm，虫体直，有时腹面弯曲，角质层具有明显的环纹。侧区4条侧线，侧线两端有网纹；侧线始发于近中食道球处，止于尾末端，在尾中部附近两内侧线汇合。唇区半球形，有时缢缩，通常唇环3~4个；唇区骨化程度强，头骨架背臂和腹臂不宽于亚中唇，唇片6个，大小相等；前头小体紧接唇骨架后。口针长约18μm，基部球圆形发育良好，前端有凹痕。中食道球圆至卵圆形，发育良好，瓣门明显，食道腺与肠在背面和背侧面重叠。半月体3个环纹长，刚好位于排泄孔前。排泄孔位于食道腺－肠交接的瓣门处或此瓣门后。阴门明显，位于虫体中后部。繁殖器官对生，直伸。尾部透明区长9~17μm，尾长圆锥形，末端窄圆或有凹痕。侧尾腺开口于尾前部的1/3尾长处。

雄虫: 体长0.54~0.65mm。口针及食道明显退化；中食道球和瓣门不明显，口针无明显的基部球。唇区隆起，明显缢缩，唇区后方3~5环纹。唇呈4裂状，侧唇明显减少。排泄孔位于中食道球后，半月体紧挨于排泄孔前。单精巢，直伸。交合伞粗钝齿状，尾部大约为 2/3 尾长。交合刺强壮，长 18~22μm，远末端尖锐。引带棒状，突出，在远末端有锋利的爪状端刺。尾部圆至圆锥形，末端尖。

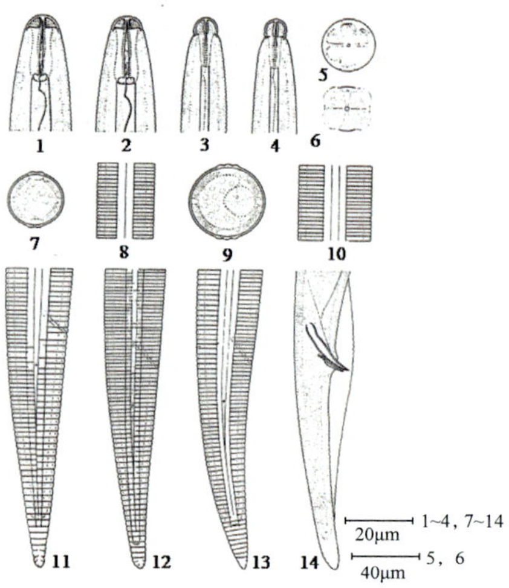

香蕉穿孔线虫（引自：Sher, 1968; Orton Williams and Siddiqi, 1973）

1、2. 雌虫前端；3、4. 雄虫前端；5. 雌虫表面观；6. 雄虫表面观；7. 幼虫虫体中部横切面；8. 幼虫虫体中部侧区；9. 雌虫虫体中部横切面；10. 雌虫中部侧区；11~13. 雌虫后端区域；14. 雄虫后端区域

寄主及危害：寄主植物达 350 多种，主要为单子叶植物的芭蕉科、天南星科和竹芋科（肖竹芋属植物）种类。香蕉穿孔线虫主要寄生、为害植物地下部分，受害植物地上部表现为生长不良、矮化、黄化、萎蔫等症状，根部则表现为腐烂、坏死等症状。香蕉植株被侵染后，最典型的症状是垂体垂头和脱根，初期根表面产生红褐色略凹陷的斑痕，并出现边缘稍凸起的纵裂缝，将病根纵切开，可见皮层上有红褐色条斑，随着病害的发展，根组织变黑腐烂。

生物学特性：2~4 龄幼虫和雌成虫均具侵染能力，通常从根尖处侵入，在根的韧皮部和形成层取食、发育、繁殖后代。既可两性生殖，又能孤雌生殖。在 24~32℃下，在香蕉根上完成一个生活史需 20~25 天。抗逆性强，在不种植香蕉的土壤中可存活 5 年之久。自然扩散主要依靠其本身的移动进行，在香蕉园中每年自然扩展 3~6m。

中国分布：台湾、海南、广东有分布，其他地区不详。

其他地区分布：分布极为广泛，现已在世界上绝大多数香蕉产区和温带温室作物上发生，分布于南美、中美、加勒比海地区，非洲的撒哈拉以南地区、印度洋各岛及欧洲、亚洲和大洋洲的 60 多个国家和地区。

入侵中国的最早记录：不详。

花烛被香蕉穿孔线虫为害后生长不良（郑经武　摄）

103. 克氏原螯虾 *Procambarus clarkii* Girard

分类地位：节肢动物门(Arthropoda)，甲壳纲(Crustacea)，螯虾科(Cambaridae)

英文名称：Red swamp crayfish

其他中文名：小龙虾，红螯虾

形态特征: 成体体长 7~13cm（额剑至尾扇距离），体重 25~50g，体长而扁，由 21 节组成，分为头胸部和腹部，头胸部特别粗大，由头部 6 节和胸部 8 节愈合而成，外被坚硬头胸甲。腹部 7 节，雄性个体第 1、第 2 对腹肢变为管状交接器，雌性个体第 1 对腹肢退化。尾肢十分强壮，与尾柄一起合称尾扇。成体体色通常深红色，双螯强大，体表具坚硬的外骨骼，并有鲜艳深色斑点；有些成体体色会发生浅蓝色或蓝色变异。幼体体色青灰色，有的具褐色纹路，在光线充足环境中幼虾体色会提前变红。

生境及危害: 在江河、湖泊、池塘及水田均能生活，甚至在一些污染严重、土著鱼虾不能存活的水体也能生存。该虾具掘穴打洞的习性，可对入侵地的土壤结构、农田和水利设施造成严重破坏。江堤被害后，洞穴密布，导致水位高度降低，堤面变窄，乃至塌方断裂。生性好斗，凶残贪食，能捕食多种土著生物，可对入侵地的生物群落造成严重影响。还可携带一些其他动物的病原物，带来严重的生态风险。也是肺吸虫病的中间寄主，当人们食用了半生不熟、含有肺吸虫囊蚴的螯虾后，会引起咳嗽、胸痛等不适症状，危害健康。

生物学特性: 具很强的环境适应能力。具有护幼行为，能有效地躲避天敌的捕食。竞争能力强于许多土著生物。在无他物遮蔽的条件下，克氏原螯虾善于利用阴影来躲避天敌。

中国分布: 已在我国大部分地区建立野生种群。

其他地区分布: 原分布于墨西哥北部和美国南部，已被多个国家人为引种。

入侵中国的最早记录: 1929 年从日本引入江苏南京。

克氏原螯虾（马方舟　摄）

克氏原螯虾危害水田土埂（左：遭破坏之前；右：遭破坏之后；黄成　提供）

克氏原螯虾围捕蜕壳青虾（黄成　提供）

104. 福寿螺 *Pomacea canaliculata* (Lamarck)

分类地位：软体动物门（Mollusca），腹足纲（Gastropoda），瓶螺科（Ampullariidae）
英文名称：Golden apple snail
其他中文名：大瓶螺，亚马逊瓶螺，苹果螺，金宝螺等

形态特征：成螺壳高约 8cm，壳径约 7cm；贝壳呈卵圆球形，壳面光滑而颜色多样，有光泽，橄榄绿色至黄褐色；壳顶尖，具 5~6 个迅速增长的螺层，螺旋部短圆锥形，螺旋式右旋，体螺层占壳高的 5/6；缝合线深；壳口高度占壳高的 2/3；胼胝部薄，蓝灰色，脐孔大而深。厣呈椭圆形，雌螺厣中央凹陷，而雄螺厣中央突起，雄螺比雌螺略小，雄螺头部右侧生有可伸长的生殖器。卵粒球形或圆球形，刚产下时为粉红色至鲜红色，空卵壳为白色；卵块椭圆形，大小随母螺大小而异，一般含卵 200~500 粒。初孵螺体高 2.0~2.4mm，淡褐色，从胚螺层到脐部一带为点状红色。

寄主及危害: 可取食多种土著水生植物，如水稻、茭白、菱角、慈姑、水芹、芡实、灯心草、莎草、浮萍等，同时也摄食一些外来水生植物，如水浮莲（大漂）、凤眼蓝、水花生等。在东亚、东南亚可严重为害水稻，咬断水稻秧苗和有效分蘖，造成巨大经济损失。而且，福寿螺是广州管圆线虫（*Angiostrongylus cantonensis*）、卷棘口吸虫（*Echinostoma revolutum*）的重要中间宿主，严重危害人类健康。此外，可通过竞争抑制淡水螺类等其他水生动物的生长和繁殖，改变当地水生植物群落的结构和功能，从而对当地生态系统造成严重影响。

福寿螺成螺（左：贤振华　提供；右：李中安　提供）

福寿螺卵块（李中安　提供）

福寿螺正在取食稻苗（李中安　提供）

福寿螺卵块及稻株被害状（李中安　提供）

水稻被福寿螺为害后造成缺苗（李中安　提供）

生物学特性: 具避光性，喜欢栖息于阴湿通气的水沟、缓流及水田等淡水自然水体。雌雄异体，繁殖力强，1 对亲螺一年可产约 1 万个后代。通常在岸壁、挺水植物茎叶等露出水面的物体上产卵。具很强的环境适应能力，在清澈或者污浊的水体里均能生活；适温范围广，在 18~38℃下均能生存，遇高温或低温时会关闭厣，将身体埋于土壤里而进入休眠状态。

中国分布: 台湾、广东、广西、海南、云南、四川、湖南、福建、浙江、江苏、安徽、河南等。

其他地区分布: 原发生于南美洲亚马孙河流域，现广泛分布于阿根廷、巴西、玻利维亚、巴拉圭、乌拉圭、苏里南等国家，而且已扩散到美洲以外世界各地。

入侵中国的最早记录: 1980 年被引入台湾，1981 年被引入广东中山。

105. 非洲大蜗牛 *Achatina fulica* Bowdich

分类地位: 软体动物门（Mollusca），腹足纲（Gastropoda），玛瑙螺科（Achatinidae）
英文名称: Giant African snail
其他中文名: 褐云玛瑙螺，菜螺，花螺，东风螺

形态特征: 属中大型的陆栖蜗牛。成螺贝壳呈长卵圆形，有光泽，高约 13cm，宽约 5cm。螺体色泽变化很大，一般为黑褐色，具褐色粗条纹或焦褐色雾状花纹。螺层 6.5~8 个，螺旋部呈圆锥形，壳口长扇形，外唇薄且锋利易碎，壳内淡紫或浅蓝色，无脐孔；足部肌肉发达，背面暗棕色，黏液无色。卵粒圆形或椭圆形，长 4.5~7.0mm，宽 4.0~5.0mm，外壳为石灰质，乳白色或淡青黄色。

非洲大蜗牛
（齐国君 摄）

非洲大蜗牛聚集在阴暗潮湿处
（齐国君 摄）

非洲大蜗牛取食白花鬼针草
（齐国君 摄）

寄主及危害: 野外主要分布在果园、橡胶园、农田、菜地、公园等区域。寄主植物种类繁多，包括林木、灌木、蔬菜、果树、花卉和各种草本植物，偏好食肉质的叶片、水果和幼嫩植物；被害叶片形成孔洞，或幼芽和嫩枝被其咬断，严重危害农林生产。非洲大蜗牛还会传播广州管圆线虫（*Angiostrongylus cantonensis*）病等人畜共患传染病，危害人类健康。

生物学特性: 发生隐蔽，喜欢杂草丛生、树木葱郁、农作物繁茂、阴暗潮湿的环境。雌雄同体，异体交配；繁殖速度快，寿命长，生长迅速。每次产卵 100~400 粒。具较强

的适应不良环境的能力，当环境条件恶劣时在壳口上做一层白膜（假口盖），只剩一小孔用于呼吸，然后将螺肉缩入壳内，等到环境转好后再溶解保护膜而出来活动。

中国分布: 广东、香港、海南、广西、云南、福建、台湾等。

其他地区分布: 非洲大蜗牛原发生于东非坦桑尼亚的桑给巴尔岛、奔巴岛一带，目前已广泛分布于非洲、亚洲、欧洲和美洲的多个国家和地区。

入侵中国的最早记录: 1931 年最早报道于福建厦门。

非洲大蜗牛危害状（左：蚕食菜叶；右：在生菜地危害；黄成　提供）

106. 纳氏锯脂鲤 *Pygocentrus nattereri* Kner

分类地位: 硬骨鱼纲(Osteichthyes),鲤形目(Cypriniformes),脂鲤科(Characidae)

英文名称: Red piranha，Red-bellied piranha

其他中文名: 红腹锯脂鲤，红腹食人鱼，食人鲳

形态特征: 体卵圆形，侧扁；两颚短而有力，下颚突出有刺，牙齿为尖锐的三角形，上下相互交错排列。色泽鲜丽，体呈灰绿色，背部墨绿色，腹部鲜红色，体侧散布银色斑纹。成熟期的雌雄外观相似，雌性个体较大，颜色较深，性成熟时腹部膨胀，雄鱼颜色较艳丽，个体较小。背鳍和臀鳍前部均无硬刺，但背鳍后方具脂鳍，背鳍条 16~18 根，臀鳍条 27~30 根，尾鳍顶端微凹，呈叉形。

寄主及危害: 纳氏锯脂鲤一旦在入侵地建立种群，易成为水域食物链顶级动物，强烈挤占土著水生动物的栖息地，由此改变水生生物群落结构，降低生物多样性。此外，能携带可侵染其他鱼类的病原线虫如盲囊线虫（*Contracaecum*）、嗜子宫线虫（*Philometra*）等，若这些线虫随着食人鱼进入我国，有可能寄生到我国土著鱼类体内。

生物学特性: 适应亚热带气候，对水质要求低。雌鱼产卵后离开，留下雄鱼看守。食性凶残，当个体长至约 2.5cm 时即具备捕食浮游生物的能力；当长到一定阶段时开始混在其他鱼群中，捕食其他鱼类的鱼鳍和鱼鳞；成年纳氏锯脂鲤则可捕食较大型的其他鱼类等动物。具群体觅食习性，不同个体可通过协作共同制服猎物。视力差，嗅觉不甚灵敏，主要依靠猎物发出的声音来捕食。

中国分布: 中国沿海地区某些内陆水域。

其他地区分布: 主要分布在亚马孙河流域和巴西东北部沿海河流，以及圭亚那等。

入侵中国的最早记录: 2002 年在中国沿海水域首次发现。

纳氏锯脂鲤（引自李家乐等，2007）

107. 巴西龟 *Trachemys scripta elegans* Wied-Neuwied

分类地位：爬行纲（Reptilia），龟鳖目（Testudines），龟科（Emydidae）

英文名称：Red-eared slider

其他中文名：红耳彩龟，秀丽彩龟，麻将龟

形态特征: 成龟指、趾间具蹼，尾适中，头部、颈部、四肢及尾部均布满黄绿镶嵌粗细不匀的花纹，头顶部两侧各有 1 条红色条纹红斑，眼部角膜为黄绿色，中央有一黑点，吻钝。背甲、腹甲每块盾片中央具有黄绿镶嵌且不规则的斑点，图案因不同个体而异。雌龟腹甲平坦，四肢的爪和尾较短，泄殖腔孔在背甲后部边缘内；雄龟爪、尾较长，泄殖腔孔位于背甲后部边缘之外的尾部，若用手指将龟四肢按入龟壳内，则雄性生殖器官从生殖孔中伸出。卵椭圆形。

生境及危害: 适应能力强，在江河、湖泊、池塘及水田均能生活。一旦入侵，即有可能破坏当地水域的生物链，严重威胁土著种的生物多样性。还可携带多种病原物而直接传染给其他龟鳖，给引入地的本土龟鳖资源带来严重威胁；传播的沙门氏杆菌，除了对动物产生不良影响外，还可威胁人类健康。

生物学特性: 生性凶猛，动作灵活，食性贪婪，具很强的种间竞争和捕食能力，对食物和栖息场所的争夺能力强于土著龟种。食性广，偏爱食动物性食料如鱼、虾、螺、蚌等，也采食水生植物和湿地蔬菜、瓜果。饥饿状况下有抢食行为，甚至以大食小。性成熟早，春夏季交配；一年产卵多次，平均每次产 11 枚。

中国分布: 在野外分布于 22 个省份，17 个省份有规模化养殖场。已逐渐入侵到我国南北方的各种水体，长江流域及其各大相通湖泊及黄河、淮河下游流域均有分布。

其他地区分布: 原发生于美国南部及墨西哥东北部，目前在世界范围内广泛分布，已成功入侵除南北极以外的六大洲淡水水域生态系统中。

入侵中国的最早记录: 20 世纪 80 年代经香港引入。

巴西龟（史海涛　摄）

寺院放生的巴西龟（虞国跃　摄）